基于遗传神经网络的
倒立摆控制研究

黄孝平　著

重庆大学出版社

内 容 提 要

倒立摆系统是一个高阶次、不稳定、多变量、非线性、强耦合的典型系统,是控制领域重要的研究对象,是验证各种控制算法的理想模型。很多抽象的概念如系统的稳定性、可观性、鲁棒性和系统的抗干扰能力等,都可以通过对倒立摆的控制直观地表现出来。

本研究将遗传算法和神经网络结合起来,提出了面向神经网络的遗传算法(NNOGA),详细论述了该算法的实现途径,并用基于遗传神经网络的智能控制方法实现了对一、二、三级直线倒立摆系统的仿真和智能控制,克服了简单遗传算法搜索速度慢、不成熟收敛和迭代次数多的缺点,取得了较好的控制效果。

图书在版编目(CIP)数据

基于遗传神经网络的倒立摆控制研究/黄孝平著.
—重庆:重庆大学出版社,2014.6(2022.8 重印)
ISBN 978-7-5624-8282-6

Ⅰ.①基… Ⅱ.①黄… Ⅲ.①智能控制—研究 Ⅳ.
①TP273

中国版本图书馆 CIP 数据核字(2014)第 121820 号

基于遗传神经网络的倒立摆控制研究
黄孝平 著
策划编辑:彭 宁 何 梅
责任编辑:杨粮菊   版式设计:彭 宁 杨粮菊
责任校对:关德强   责任印制:张 策
*
重庆大学出版社出版发行
出版人:饶帮华
社址:重庆市沙坪坝区大学城西路 21 号
邮编:401331
电话:(023) 88617190   88617185(中小学)
传真:(023) 88617186   88617166
网址:http://www.cqup.com.cn
邮箱:fxk@cqup.com.cn(营销中心)
全国新华书店经销
POD:重庆新生代彩印技术有限公司
*
开本:787mm×1092mm 1/16 印张:7.75 字数:96 千
2014 年 6 月第 1 版   2022 年 8 月第 2 次印刷
ISBN 978-7-5624-8282-6 定价:38.00 元

序一

智能控制是一门新兴的交叉学科,具有非常广泛的应用领域。智能控制是 20 世纪 60 年代由 Leondes 和 Mendel 首先使用,1971 年著名美籍华人科学家傅京孙教授从发展学习控制的角度,首次正式提出智能控制学科与建立智能控制理论的构想。

神经网络是智能控制领域的一个重要分支,自从 20 世纪 40 年代 McCulloch 和 Pitts 提出形式神经元的数学模型以来,神经网络的研究开始了它艰难的历程。20 世纪 20 年代至 80 年代专家系统和人工智能技术的发展相当迅速,但仍有不少学者致力于是神经网络模型的研究。如 Albus 在 1975 年提出 CMAC 神经网络模型,利用人脑记忆模型提出了一种分布的联想查表系统,Grossberg 在 1976 年提出的自共振理论解决了无导师指导下的模式分布。到了 20 世纪 80 年代,人工神经网络进入了飞速发展时期。1982 年 Hopfield 提出了 HNN 模型,解决了回归网络的学习问题。1986年PDP小组的研究人员提出的多层前向传播神经网络的BP学习算法,实现了有导师指导下的网络学习,从而为神经网络的应用开辟了广阔的前景。神经网络在许多方面试图模拟人脑的功能,并不依赖于精确的数学模型,因而显示出强大的自学习和自适应功能。神经网络在机器人方面的许多研究成果显示出了广泛的应用前景。

遗传算法(Genetic Algorithms)是人工智能的重要新分支,是一种基于自然选择和基因遗传学原理的优化搜索方法,在计算机上模拟生命进化机制而发展起来的一门新学科。GA由美国J.H.Holland在1975年提出,从20世纪80年代中期随着人工智能的发展和计算机技术的进步逐步成熟,应用日趋广泛。遗传算法抽象和严谨地解释自然界的适应过程,将自然生物系统的重要机理运用到工程系统、计算机系统和商业系统等人工系统的设计中。遗传算法具有全局寻优的能力,能够在复杂空间进行全局优化搜索,并且具有较强的鲁棒性。很多用常规优化算法能有效解决的问题,采用遗传算法寻优技术往往能得到更好的优化效果,其应用领域涉及函数优化、自动控制、图像识别、机器学习等,正在向其他领域渗透,形成一种与神经网络、模糊控制等技术结合的新型智能控制系统整体优化的结构形式,并显示出了诱人的前景。

倒立摆系统控制与火箭飞行、飞行器和起重机起重臂等的控制问题都有一定的相似性,倒立摆系统的控制研究对这些控制问题的研究有着很大的促进作用。

作为黄孝平曾经的师长,看到他多年来一直孜孜以求地进行倒立摆系统的智能控制研究,并取得了一定的成果,心里感到由衷的高兴。作此序一是勉励,二是期待他在遗传算法、神经网络的研究中取得更大的成绩。

周德俭

2014 年 3 月

序言作者系桂林电子科技大学正厅级调研员,博士,教授。历任桂林工学院副院长、广西科技大学校长,现任西安电子科技大学和桂林电子科技大学博士研究生导师。

3

序二

  倒立摆作为一个多变量、非线性、不稳定的典型系统,是控制领域重要的研究对象,是验证各种控制算法的理想模型;很多抽象的概念如系统的稳定性、可控性、可观性、鲁棒性和系统的抗干扰能力等,都可以通过对倒立摆的控制直观地表现出来。

  倒立摆系统最初研究开始于 20 世纪 50 年代,麻省理工学院(MIT)的控制论专家们根据火箭发射的原理设计出了一级倒立摆实验装置。随着对智能控制研究逐渐深入,模糊控制、神经网络、拟人智能控制、遗传算法等越来越多的智能控制方法应用于倒立摆系统的控制上。倒立摆系统在检验不同的控制方法对各种复杂的、不稳定的、非线性系统的控制效果中得到广泛的应用,并且越来越受到世界各国科研工作者的重视。

  倒立摆的控制模型与直立行走机器人的平衡控制、两轮小车的自平衡控制、导弹拦截控制、火箭发射时的垂直控制、卫星飞行中的姿态控制和航空对接控制等涉及平衡和角度的控制问题非常相似,所以在机器人、航天、军工等领域和一般的工业过程中都有着广泛地应用。倒立摆系统作为研究控制理论的一种典型的实验装置,具有较为简单的结构、可以有效地检验众多控制方法的有效性、参数和模型易于改变、相对低廉的成本等优点,研究控制理论的很多科研人员一直将它们视为主要的研究对象,用它们来描述线性控制领域中不稳定系统的稳定性以及在非线性控制领域中的无源性控制、变结构控制、非线性观测器、自由行走、非线性模型降阶、摩擦补偿等控制思想,且从中不断开发出新的控制方法和控制理论,所以倒立摆系统是研究智能控制方法较为理想的实验装置。倒立摆系统自身是一个典型的多变量、非线性、高阶次、强耦合和绝对不稳定系统,许多抽象的控制概念如系统的可控性、稳定性、系统的抗干扰能力和系统的收敛速度等,都可以由倒立摆系统直观地展示出来。此外,通过倒立摆系统还可以研究非线性观测器、变结构控制、目标定位控制、摩擦补偿和混合系统等。

多年来,作为一名从事倒立摆系统智能控制研究的科研工作者,衷心希望黄孝平同志在运用遗传算法、神经网络实现多级倒立摆的控制研究中,能取得更多的研究成果,运用到高校的控制理论教学和实验中,并将之运用到自动控制领域的生产实践中,以期产生更大的效益,推动广西北部湾地区经济社会的快速发展。

牛秦州

2014 年 4 月

序言作者系桂林理工大学信息科学与工程学院党委书记,博士,教授。主要研究是嵌入式系统和人工智能控制。

前言

　　倒立摆的控制是控制理论应用的一个典型范例。倒立摆系统作为一个非最小相位、强耦合、多变量的绝对不稳定非线性系统，通常被用来检验控制策略的有效性；同时，由于倒立摆系统控制与火箭和飞行器控制以及起重机起重臂控制等的相似性，对其进行控制所采用的控制算法，以及得出的结论对其他工程控制问题具有一定指导意义。

　　当前，遗传算法和神经网络以及二者的结合研究都是智能控制技术研究中的热点。神经网络能够充分逼近任意复杂的非线性关系，能够学习不确定性系统的动态特性，用神经网络设计的控制系统，适应性、鲁棒性均较好，能够处理高维数、非线性、强干扰、不确定、难建模的复杂控制问题。而遗传算法是一种具有极高鲁棒性和广泛适用性的全局优化方法，采用遗传算法学习的神经网络控制器兼有神经网络的广泛映射能力和遗传算法快速收敛以及增强式学习等性能。

本研究将神经网络和遗传算法结合起来,对一、二、三级倒立摆装置进行仿真和智能控制研究,主要内容包括:

推导出了一、二、三级倒立摆系统的非线性数学模型,并用基于遗传神经网络的智能控制方法对倒立摆系统进行了仿真;设计了反向传播算法神经网络控制器,对倒立摆控制效果较好,解决了用常规控制方法存在的控制范围小,控制精度低的问题;改进遗传算法的神经网络控制器的设计,解决了 BP 算法收敛速度慢的问题,避免 BP 算法易陷入局部极小的缺点;提出了面向神经网络的遗传算法(NNOGA),详细论述了该算法的实现,克服了简单遗传算法搜索速度慢、不成熟收敛和迭代次数多的缺点。

2014 年 3 月

目录

第 1 章
绪　论

1.1　引　言

　　倒立摆系统的控制是控制理论应用的一个典型范例。倒立摆系统结构简单、成本较低,便于用模拟或数字的方法进行控制。虽然其结构形式多种多样,但无论何种结构,就其本身而言,都是一个非最小相位、多变量、绝对不稳定的非线性系统。由于倒立摆系统的绝对不稳定,必须选用有效的方法稳定它。其控制方法在军工、航天、机器人和一般工业过程领域中都有着广泛的用途,如机器人行走过程中的平衡控制、火箭发射中的垂直度控制和卫星飞行中的姿态控制等均涉及倒置问题。同时,由于摩擦力的存在,该系统具有一定的不确定性。对这样一个复杂系统的研究,从理论上将涉及系统控制中的很多关键问题:如非线性问题、鲁棒性问题、镇定问题、随动问题以及跟踪问题等。

对倒立摆系统的控制研究引起国内外学者广泛关注的原因不仅仅在于以上因素。新的控制方法的不断出现,人们试图通过倒立摆这样一个严格的控制对象,检验新的控制方法是否有较强的处理多变量、非线性和绝对不稳定性的能力。也就是说,倒立摆系统控制作为控制理论研究中的一种较为理想的实验手段通常用来检验控制策略的有效性。

随着控制理论的不断向前发展,越来越多的非线性控制理论被成功运用于倒立摆系统的控制,如逆系统方法、神经网络(Neural Network,NN)方法、H^{∞} 控制方法等。其中,人工神经网络(Artificial Neural Network,ANN)以其独特的优点在控制界得到迅猛发展,由于 ANN 能够充分逼近任意复杂的非线性关系和能够学习严重不确定性系统的动态特性,这些特点显示了 ANN 在解决高度非线性和严重不确定性系统的控制方面的巨大潜力,非线性问题的研究成了 NN 理论发展的一个最大动力,同时也成了 NN 所面临的最大挑战。然而,NN 也有许多亟待完善之处,NN 的学习速度一般比较慢,为满足实时要求,必须加以改进。

该书采用人工智能中另一迅速发展的分支——遗传算法(Genetic Algorithm,GA)与 NN 相结合的算法。GA 是一种较成熟的具有极高鲁棒性和广泛适用性的全局优化方法。标准遗传算法[或简单遗传算法(Simple Genetic Algorithms,SGA)]有搜索速度慢、不成熟收敛和迭代次数多等缺点,因而需要采用高级遗传算法[改进遗传算法(Improved Genetic Algorithms,IGA)]。

由于 GA 不受问题性质(如连续性、可微性)的限制,能够处理传统优化算法难以解决的复杂问题等优点,显示了它在控制系统优化方面的巨大潜力,因而引起了控制领域的极大关注。近年来,在自动控制领域,GA 在 PID 控制、线性和非线性、最优、鲁棒、自适应、滑模、模糊逻辑、神经网

络、参数估计和系统辨识、模型线性化和控制器降阶、机器人手臂控制和
轨迹规划等方面得到了广泛地应用。

因此,研究遗传神经网络有重要的理论和工程实际意义。该书采用
基于神经网络的遗传算法来对典型非线性实际对象倒立摆进行控制,并
给出了仿真和实验结果。

1.2 智能控制理论概述

回顾控制理论的发展历程可以看到,自动控制理论的发展一直受到
以下3个方面需求的推动,即

①处理日渐复杂的控制对象;

②完成日渐复杂的设计要求;

③甚至在对象和环境知识所知甚少的情况下达到上述要求。

从离心机构、火炮控制、工业过程控制到航空、航天事业的发展,再到
社会经济系统的控制与决策,所面临的控制对象越来越复杂,人们对控制
系统性能的要求也越来越高,而控制理论也从处理线性、确定性模型的经
典控制理论、现代控制理论、发展到了能够处理非线性、非确定性模型的
非线性控制理论以及智能控制理论。这些分支的诞生为控制系统的设计
提供了新的方法,同时又刺激人类提出更复杂的设计要求,进一步推动了
理论的发展。

近年来,越来越多的学者已意识到在传统控制中加入逻辑、推理和启
发式知识的重要性,这类系统一般称为智能控制系统。

智能控制理论是控制理论发展的高级阶段,它是人工智能的发展应
用于控制过程的直接结果。目前,它主要用来解决那些用传统方法难以

解决的复杂系统的控制问题,主要是不确定性问题,高度的非线性系统的控制等。其中包括智能机器人系统、计算机集成制造系统(CIMS)、复杂的工业过程控制系统、航天航空控制系统、社会经济管理系统、交通运输系统、环保及能源系统等。

目前有关智能控制的定义、理论、结构等尚无系统的描述,IEEE控制系统协会将"智能控制"归纳为智能控制系统必须具有模拟人类学习和自适应的能力。智能控制可以分为以下几个范畴[11]:

①就是试图弄清人类智能的机理,希望通过模拟人脑的结构来产生人类所特有的智能,即基于联结主义的人工神经网络(简称神经网络)。它本质上是一个非线性的动力学系统,通过大量的简单关系来实现复杂的功能,比如自学习功能等。因此,常常利用神经网络实现自适应控制,此外,也可以用它来对控制规则进行学习。但是,由于神经网络要进行大量的并行计算,传统的串行的冯·诺依曼机器无法胜任,而制造专门的神经网络芯片又因为缺乏一个通用的结构而极不经济,因此,目前神经网络无法应用于大型复杂系统的控制。

②就是对于特定的系统,利用工程的方法将专家常年积累的知识和经验提取出来,然后用计算机将专家的控制策略推广到同一类其他系统上,即基于符号主义的人工智能专家系统理论。比较成熟的有G.N.萨里迪斯提出的分层递阶控制理论,用来解决复杂控制问题;K.J.奥斯特洛姆1986年提出的专家控制理论,它将专家系统技术同传统的控制方法结合起来;在L.A.Zadeh提出的模糊数学基础上产生的模糊控制理论,则将模糊决策和模糊推理的技术引入控制理论,目前已被工业界大量采用。

1994年8月,北京航空航天大学张明廉教授、沈程智教授领导的人工智能小组,突破传统控制理论的模式,使三级倒立摆率先在我国的实验室里稳定地立起来。该项目所提出的基于归约法和定性动态推理"拟人

4

智能控制理论"框架,在控制方法上有新的突破,能较好地解决以三级倒立摆为典型的一类复杂被控对象的控制问题。这一突破性的成果,将为飞行器、工业控制及各种复杂条件下的控制提供新的构想,也将预示着复杂的控制理论可能产生重大变革。

2005 年 7 月,李洪兴教授采用高维变论域自适应控制理论,在世界上第一个成功实现了平面运动三级倒立摆实物系统控制。这一类方法完全可以用传统冯·诺依曼机器来实现,如果知识提取得好,则设计出来的控制器往往结构简单,且性能良好,但是知识的提取目前还缺乏一个有效、通用的方法,对于不同的系统,需要有不同的与系统本身特性紧密相关的精细考虑。

③还存在着基于进化论的人工生命,只是由于其还处于发展的早期阶段,理论上很不成熟,实践中的独立运用较少。

1.3   神经网络理论概述

神经网络控制作为智能控制的一个新的分支,它为解决复杂的非线性、不确定、不确知系统的控制问题开辟了一条新的途径。从 1943 年心理学家 McCulloch 和数学家 Pits 提出第一个神经元模型——MP 模型以及 Hebb 提出的神经元连接强度的修改规则,从此开创了神经网络理论研究的时代。神经网络的发展史,概括起来经历了 3 个阶段:20 世纪 40—60 年代的发展初期;70 年代的研究低潮期;80 年代,神经网络的理论研究取得了突破性进展。神经网络能过模拟人脑细胞的分布式工作特点和自组织功能实现并行处理、自学习和非线性映射等功能。对神经网络的研究,目前主要表现在以下几个方面[32]:

①探索人脑神经系统的生物结构和机制；

②将神经网络理论作为一种解决某些总是的手段和方法；

③能学习和适应严重不确定性系统的动态特性；

④由于大量神经元之间广泛连接，即使有少量单元或连接受损，也不影响统的整体功能，表现出很强的鲁棒性和容错性；

⑤采用并行分布处理方法，使得快速进行大量运算成为可能。这些特点表明神经网络在解决高度非线性和不确定性系统的控制问题方面具有很大潜力。

通常神经网络用于控制有两种用途：一是用其实现建模；另一种是直接用作控制器。

其中，常见的神经网络控制有[47]：①神经网络学习控制（监督控制）；②神经网络自适应控制（自校正，模型参考直接与间接自适应控制）；③神经网络内模控制；④神经网络非线性预测控制；⑤神经网络模糊控制；⑥神经网络自适应评判控制（再励控制）等。

代表性的网络模型有：BP 网络，Hopfield 网络，径向基函数（RBF）网络，脑连接模型（CMAC）网络，模糊神经网络，自组织特征映射（SOM）网络，自适应谐振理论（ART）等。

常见的学习算法有：多层前馈神经网络的标准 BP 算法；自适应变步长快速学习算法；二阶快速学习算法和高阶快速学习算法；轨迹学习算法和动态规划学习算法；模拟退火学习算法；Hopfield 网络的不动点学习算法；多层网络的竞争学习算法等。

目前，神经网络理论的应用已经渗透到各个领域，并在智能控制、模式识别、计算机视觉、自适应滤波和信号处理、非线性优化、语音识别、传感技术与机器人、生物医学工程等方面取得了令人鼓舞的成绩，特别是近年来，神经网络理论的发展拓展了计算概念的内涵，使神经计算、进化计算成为新的学科,神经网络的软件模拟得到了广泛地应用。

尽管神经网络理论和研究以及应用都取得了可喜的进展,但由于人们对生物神经系统的研究与了解还不够,提出的神经网络的模型、结构和规模等都仅仅是对真实神经网络的一种简化和近似;此外,神经网络的理论还存在很多缺陷,因此神经网络从理论到实践的应用还有一段很长的路要走。主要表现在[38]:

从系统建模的角度而言,它采用的是典型的黑箱(Black-Box)型学习模式,当学习完成后,神经网络所获得的输入输出关系无法用被人接受的方式表达出来。

神经网络的结构选择一般凭借经验进行,如何找到一种方法能给出确定的能达到设计要求的网络结构还值得探讨。

对于不同的神经网络结构,如何选择学习算法,并无理论上的依据。

到目前为止,关于神经网络稳定性研究的成果还较少,这无疑是建立系统的神经网络理论的障碍。

1.4　研究内容及意义

1.4.1　研究的内容

该书的研究内容主要集中在以下方面:

①前馈神经网络的设计、BP 算法的研究、神经网络控制器的设计;

②在对简单遗传算法的缺陷进行分析的基础上,提出了一种有效的改进遗传算法——面向神经网络的遗传算法,用改进的遗传算法训练神经网络的权值,从而设计出遗传神经网络控制器;

③建立倒立摆的数学模型,在对一、二、三级倒立摆建模和分析的基础上,首先推导出了三级倒立摆的非线性数学模型;并用了一种线性控制方法对一、二、三级倒立摆进行了控制仿真;

④将反向传播算法神经网络控制器用于一、二、三倒立摆的控制,编程实现其控制仿真和实验;

⑤将遗传算法神经网络控制器用于倒立摆的控制,编程实现其控制仿真和实验。

1.4.2 研究的意义

本研究的意义可以归纳为以下两个方面:

①当前智能控制算法的研究相当一部分仅仅是基于模型的计算机仿真,成功运用于实践的并不太多。本文以倒立摆装置为被控对象进行实时控制研究,所采用的控制算法以及得出的结论对其他工程控制问题具有一定指导意义。特别是,倒立摆系统控制与火箭飞行、飞行器和起重机起重臂等的控制问题都有一定的相似性,倒立摆系统的控制研究对这些控制问题的研究有着很大的促进作用。

②智能控制理论,特别是遗传算法、神经网络理论除了在自动控制领域有着广泛地应用以外,在很多其他领域内也有良好的应用前景,如信号处理、图像识别、机器视觉甚至经济学、社会学等。从事智能控制理论特别是神经网络理论的研究必然有助于促进这些学科的共同发展。

第2章
基于神经网络的智能控制

2.1 引 言

神经网络控制作为智能控制的一个新分支,它为解决复杂的非线性、不确定、不确知系统的控制问题开辟了一条新的途径。从 1943 年,心理学家人工神经网络(简称神经网络,NN)理论是巨量信息并行处理和大规模平行计算的基础,神经网络既是高度非线性动力学系统,又是自适应组织系统,可用来描述认知,决策及控制人的智能行为。它的中心问题是智能的认知和模拟。从解剖学和生理学来看,人脑是一个复杂并行系统,它具有认知、意识和感情等高级脑功能。毫无疑问,以人工方法模拟这些功能,将有助于加深对思维及智能的认识。20 世纪 80 年代初,神经网络的崛起,已对认知和智力的本质的基础研究乃至计算机产业都产生了空前的刺激和极大的推动作用。

本章将主要介绍神经网络基本理论以及一些常用的神经网络控制系统结构,为后面采用神经网络进行倒立摆系统建模和控制奠定基础。

2.2　神经网络结构

神经网络的基本组成单元是神经元,数学上的神经元和生物学上的神经细胞是对应的。

2.2.1　人工神经元的数学模型

无论神经元的结构形式如何,它都是由一些基本成分组成的。神经元是一个多输入单输出的信息处理单元,而且它对信息的处理是非线性的,这样一来,可以把神经元抽象为一个简单的数学模型。控制上常用到的神经元数学模型如图 2.1 所示[47]。

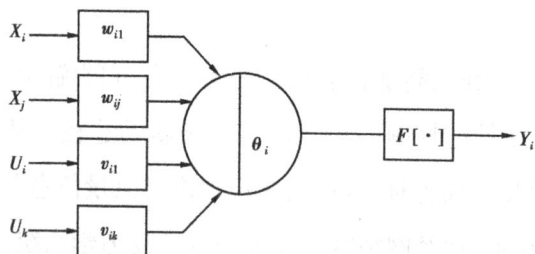

图 2.1　人工神经元的基本数学模型

其中,Y_i 为神经元的输出,θ_i 为神经元的阈值,X 为外部输入,U 为其他神经元的输出,w_i 和 v_i 为连接权系数,$F[\cdot]$ 为激发函数,一般为非线性,它决定神经元受到输入的共同刺激达到阈值时以何种方式输出,这样神经元的数学模型的表达式可以表示如下:

$$Y_i = F[U_i]$$

$$U_i = \sum_{j=1}^{N} X_j w_{ij} + \sum_{k=1}^{M} U_k v_{ik} - \theta_i \qquad (2.1)$$

$\sum$ 实现的是加权加法器的作用,用来实现一个神经细胞对接收来自四面八方信号的空间总和功能。

2.2.2　神经网络常用的激发函数[47]

(1)硬限幅函数

硬限幅函数不可微,类阶跃,正值。它是在其网络输入达到给定的门限时迫使其输出为 1,否则输出为 0,这就是使神经元可以作为判决或分类,它可以给出"是"或"否"的结果,这种神经元通常利用感知器学习规则来训练。函数的表达式为:

$$f(x) = \begin{cases} 1 & \text{当 } x > 0 \\ 0 & \text{当 } x \leqslant 0 \end{cases} \qquad (2.2)$$

(2)对称硬限幅函数

对称硬限幅函数不可微,类阶跃,零菌值。它是在其网络输入达到给定的门限时迫使其输出为 1,否则输出为 -1,它下硬限幅函数非常相似,只是输出值不同。函数的表达式为:

$$f(x) = \begin{cases} 1 & \text{当 } x > 0 \\ -1 & \text{当 } x \leqslant 0 \end{cases} \qquad (2.3)$$

(3)对数 S 型(Sigmoid)特性函数

对数 S 型函数用于将神经元的输入范围 $(-\infty, +\infty)$ 映射到 $(0,1)$,对数 S 型函数是可微函数,因此,非常适合于利用 BP 训练的神经元。函数的表达式为:

$$f(x) = \frac{1}{1 + e^x}, \quad 0 < f(x) < 1 \qquad (2.4)$$

这类特性函数常用来表示输入输出的 S 形曲线关系,反映神经元"压缩"或"饱和"特性,即把神经元定义为具有非线性增益特性的电子系统,用它来解决噪音饱和问题。当输入弱小信号时,仍要求产生有效的输出信号,网络要有高增益;但如在强大信号时,仍产生高增益,将放大噪音输出或使强大信号本身引起饱和,又将消除任何有效的输出。S 形特性函数具有中间高增益区,适应弱小信号,两端低增益区适应强大信号的性能。

(4)双曲正切 S 型函数

它用于将神经元的输入范围(−∞ , +∞)映射到(0 , 1),是可微函数,因此,也非常适合于利用 BP 训练的神经元。函数的表达式为:

$$f(x) = \frac{e^x - e^{-x}}{e^x + e^{-x}}, \ -1 < f(x) < 1 \tag{2.5}$$

常用双曲正切函数来取代常规 S 型函数,因为 S 型函数的输出均为正值,而双曲正切函数的输出值则可正可负,此函数常被生物学家用作描述生物神经元活动的数学模型。双曲正切函数可表达如下:

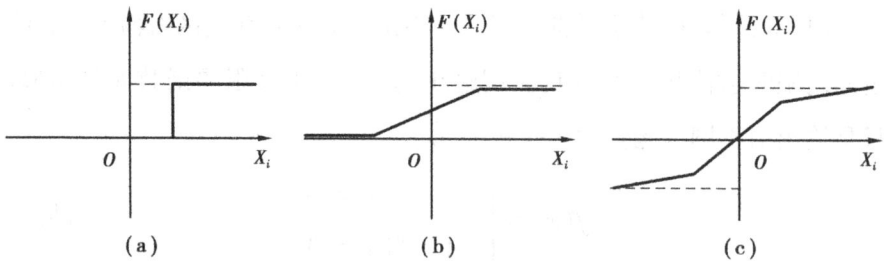

图 2.2　神经元的特性函数

(5)径向函数

它主要用于径向基网络中,函数的数学表达式为:

$$f(x) = e^{-(x-b)^2} \tag{2.6}$$

其中 b 为阈值。

12

(6)饱和线性函数

饱和线性函数在网络输入 $x \in [-1, 1]$,它只是简单地将神经元的输入经阈值调整后传递到输出,其函数的数学表达式为:

$$f(x) = \begin{cases} -1 & x < -1 \\ x & -1 \leq x \leq 1 \\ 1 & x > 1 \end{cases} \qquad (2.7)$$

2.2.3 神经网络的基本特性

神经网络由神经元模型构成:这种由很多神经元组成的信息处理网络具有并行分布结构。每个神经元具有单一输出,并且能够与其他神经元连接;存在很多(多重)输出连接方法,每种连接方法对应一个连接权系数。神经网络是一种具有下列特性的有向图:

①对于每个节点 i 存在一个状态变量 x_i;

②从节点 j 至节点 i 存在一个连接权系数 w_{ij};

③对于每个节点 i,存在一个阈值 θ_i;

④对每个节点 i,定义一个变换函数 $f_i(x_j, w_{ij}, \theta_i)$,$i \neq j$,取 $f_i(\sum_j w_{ij}x_j - \theta_i)$ 形式。

2.2.4 神经网络的基本结构[47]

(1)前馈网络

前馈网络具有递阶分层结构,由一些同层神经元间不存在互连的层级组成。从输入层至输出层的信号通过单向连接流通;神经元从一层连接至下一层,不存在同层神经元间的连接,在图 2.3 中,实线指明实际信号流通而虚线表示反向传播。前馈网络有多层感知器(MLP)、学习矢量量化(LVQ)网络、小脑模型连接控制(CMAC)网络和数据处理方法

（GMDH）网络等。

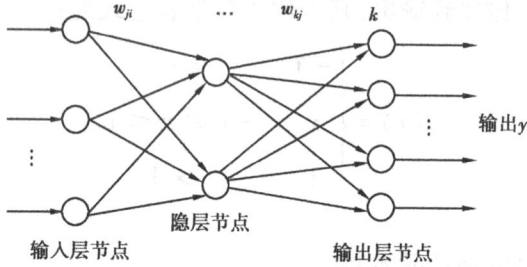

图 2.3 前馈网络

（2）递归网络

在递归网络中,多个神经元互连以组织一个互连神经网络,如图 2.4 所示。有些神经元的输出被反馈至同层或前层神经元。因此,信号能够从正向和反向流通。Hopfield 网络、Elmman 网络和 Jordan 网络是递归网络有代表性的例子。递归网络又称为反馈网络。图 2.4 中的 v_i 表示节点的状态,x_i 为节点的输入（初始）值,$x_i'(i=1,2,3,\cdots,n)$ 为收敛后的输出值。

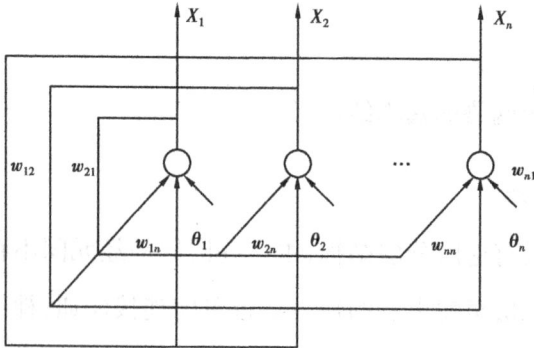

图 2.4 反馈网络

2.3　神经网络的学习算法

2.3.1　学习方式和学习规则

在神经网络中,修改权值的规则过程称为学习过程,也就是说神经网络的权值并非固定不变的;相反,这些权值可以根据经验或学习来改变。学习是神经网络的最重要的特征之一,神经网络能够通过训练、改变其内部表征,使输入输出间变换朝好的方向发展,以完成特定的任务。

神经网络的学习过程就是不断调整网络的连接数值,以获取期望输出。神经网络的学习方法多种多样,下面介绍常用的神经网络的学习方式和学习规则。

(1)神经网络的学习方式

神经网络用 3 种学习算法进行训练,即有导师的学习算法、无导师的学习算法和再励学习算法。

1)有导师的学习

有导师的学习算法能够根据期望的和实际的网络输出(对应于给定输入)间的差来调整神经元间连接的强度或权。因此,有导师学习需要有导师来提供期望或目标输出信号。有导师学习算法的例子包括 δ 规则、广义 δ 规则或反向传播算法以及 LVQ 算法等。

2)无导师的学习

无导师的学习算法不需要知道期望输出。在训练过程中,只要向神经网络提供输入模式,神经网络就能够自动地适应连接权,以便按相似特征把输入模式分组聚集。无导师学习算法的例子包括 Kohonen 算法和

Carpenter-Grossberg自适应谐振理论(ART)等。

3)再励学习

它把学习看成为试探评价过程,学习机制选择一个输出作用于系统后,使系统的状态改变,并产生一个再励信号反馈至模型,模型根据再励信号与当前系统状态选择下一个作用于系统,输出选择的原则是使受到奖励的可能性增大。

(2)神经网络的学习规则

1)Hebb 学习规则(联想式学习规则、相关学习规则)

当两个神经元同时处于兴奋状态时,它们之间的连接应当加强,这就是 Hebb 学习规则的基本思想。几乎所有的神经网络的学习规则都可以看成是 Hebb 学习规则的变形,它仅仅根据连接间的激活水平改变权值系数。

2)纠错学习规则

如果节点的输出正确,则一切保持不变;

如果节点的输出本应为 0,但实际输出为 1,则权系数相应减少;

如果节点的输出本应为 1,但实际输出为 0,则权系统相应增加。

3)竞争学习规则

在竞争学习时,网络各输出单元互相竞争,最后达到只有一个最强者激活,即这是一种无导师的学习规则,其原理是"赢的神经元可以最大限度地调整它的权系统"。最常见的一种情况是输出神经元之间有侧向抑制性连接,这样原有输出单元中如有某一单元较强,则它将获胜并抑制其他单元,最后只有此强者处于激活状态。

4)学习与自适应学习规则

当学习系统所处环境平稳时,从理论上讲通过监督学习可以学到环境的统计特性,这些统计特性可以被学习系统作为经验记住。如果环境是非平衡的,通常的监督学习没有能力跟踪这种变化。为解决此问题,需要网络有一定的自适应能力,此时对每一不同输入都作为一个新的例子来对待,其工作过程如图 2.5 所示。

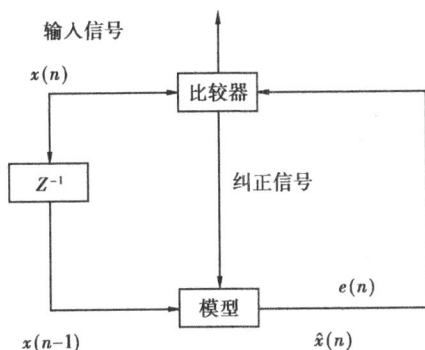

输入信号

$x(n)$

比较器

Z^{-1}

纠正信号

模型　　$e(n)$

$x(n-1)$　　　　$\hat{x}(n)$

图 2.5　学习与自适应学习规则系统框图

2.3.2　BP 网络学习算法

在众多的神经网络结构中,多层前馈神经网络(Mufti-Layer Feedforward Neural Network,简称 MFNN)是目前应用最广泛也是最成熟的一种网络结构。由于在 MFNN 中,网络权值的调整通过误差反传学习算法进行。因此,MFNN 通常也被称为 BP(Back-Propagation)网络。

BP 网络可看成是一个从输入到输出的高度非线性映射(Kolmogorov 定理)。从结构上看,BP 网络是典型的多层网络,它分为输入层、隐层和输出层。在图 2.3 中,假设该图是一个 m 层网络,第一层为输入层,第 m 层为输出层,中间各层为隐层,层与层之间多采用互联方式。各个神经元的输入输出关系函数是 $f[\cdot]$,输入 u 的各分量构成了第 i 层的神经元的输入,这一层的输出可以直接等于其输入。

隐层第 j 个神经元的输入为:

$$net_j = \sum_j w_{ji}o_i \qquad (2.8)$$

隐层第 j 个神经元的输出为：

$$o_j = f(net_i) \qquad (2.9)$$

隐层第 k 个神经元的输入为：

$$net_k = \sum_j w_{kji}o_j \qquad (2.10)$$

隐层第 k 个神经元的输出为：

$$o_k = f(net_k) \qquad (2.11)$$

BP 学习算法是通过反向学习过程使误差最小，在神经网络的学习阶段，给定模式 u_p 作为网络的输入，要求网络通过调整权值，使得输出层上得到理想的输出值 t_p。一般来说，网络的训练并非总能成功，也就是说，网络的实际输出 o_{pk} 与目标输出 t_{pk} 并不完全一致，因此，可以选择目标函数为：

$$J_p = \frac{1}{2} \sum_k (t_{pk} - o_{pk})^2 \qquad (2.12)$$

为表示方便，常将下标 p 省略。

也就是选择神经网络权值使期望输出 t_k 与实际输出 o_k 之差的平方和最小。它实际上是求误差函数 J 的极小值。可以利用非线性规划中的"快速下降法"使权值沿误差函数的梯度方向改变，因此权值的修正量为：

$$\Delta w_{kij} = -\varepsilon \frac{\partial J}{\partial w_{kj}} (\varepsilon > 0) \qquad (2.13)$$

式中　ε——学习步长，在 $[0,1]$ 取值。

因为误差 J 为输出 o_k 的表达式，输出又是第 k 个神经元输入的非线性变换，所以采用通过链式法则可以得到：

$$\frac{\partial J}{\partial w_{kj}} = \frac{\partial J}{\partial net_k} \cdot \frac{\partial net_k}{\partial w_{kj}} \qquad (2.14)$$

由式(2.10)得：

$$\frac{\partial net_k}{\partial w_{kj}} = \frac{\partial}{\partial w_{kj}} \sum_j w_{kj} o_j = o_j \qquad (2.15)$$

令 $\delta_k = -\dfrac{\partial J}{\partial net_k}$，则有：

$$\Delta w_{kj} = \varepsilon \delta_k o_j$$

采用链式法则将 δ_k 表示为两部分，一部分是误差对于输出的变化率，另一部分表示为第 k 个神经元输出关于输入的变化率，表示为：

$$\partial_k = -\frac{\partial J}{\partial net_k} = -\frac{\partial J}{\partial o_k} \cdot \frac{\partial o_k}{\partial net_k} = (t_k - o_k) \cdot f'_k(net) \qquad (2.16)$$

对于任意输出层的神经元 k，都有：

$$\Delta w_{kj} = \varepsilon \delta_k o_j = \varepsilon (t_k - o_k) \cdot f'_k(net_k) o_j \qquad (2.17)$$

如果权系统不直接作用于输出层神经元，情况就有所不同。对于隐层，计算权值的变化量：

$$\begin{aligned}
\Delta w_{kj} &= -\varepsilon \frac{\partial J}{\partial w_{ji}} = -\varepsilon \frac{\partial J}{\partial net_j} \cdot \frac{\partial net_j}{\partial w_{ji}} \\
&= -\varepsilon \frac{\partial J}{\partial net_j} \cdot o_j = \varepsilon \left(-\frac{\partial J}{\partial o_j} \cdot \frac{\partial o_j}{\partial net_j} \right) o_i \\
&= \varepsilon \left(-\frac{\partial J}{\partial o_j} \right) \cdot f'_j(net_j) o_i = \varepsilon \delta_j o_i
\end{aligned} \qquad (2.18)$$

由于不能直接求得 $\dfrac{\partial J}{\partial o_j}$，通过间接变量对它进行计算：

$$\begin{aligned}
\frac{\partial J}{\partial o_j} &= -\sum_k \frac{\partial J}{\partial net_k} \cdot \frac{\partial net_k}{\partial o_j} \\
&= \sum_k \left(-\frac{\partial J}{\partial net_k} \right) \cdot \frac{\partial}{\partial o_j} \sum_m w_{km} o_m \\
&= \sum_k \left(-\frac{\partial J}{\partial net_k} \right) \cdot w_{kj} = \sum_m \delta_k w_{kj}
\end{aligned} \qquad (2.19)$$

也就是说,内层神经元的 δ 值可以由上一层的 δ 值来计算。于从最高层输出层开始计算 δ_k 值,然后将"误差"反传到较低的网络层,所以对于隐层的权值变化表示如下:

$$\Delta w_{ji} = \varepsilon f'(net_j)o_i \sum_k \delta_k w_{kj} \qquad (2.20)$$

在许多情况下要求每个神经元提供一个可训练的偏移量 θ_j,它可以便置原来的特性曲线,其效果等效于调节神经元的阈值,从而训练速度更快。这一特征可以很容易地插到训练算法中去,把+1 通过一个权值向每一个神经元,这个权可以采用和其他权相同的办法训练,不同的是偏移项输入始终为+1,而其他权的输入是前一层神经网络的输出。此外,从以上的分析可以看出,求 j 层的误差信号,需要上一层的误差信号,因此,误差函数的求取是一个始于输出层的反向传播的递归过程,通过多个样本的学习,修改权值,不断减少偏差,最后达到满意的效果。

BP 网络能实现输入输出的非线性映射关系,但它并不依赖于模型。其输入输出之间的关联信息分布于各连接权中。由于连接权个数很多,个别神经元的损坏不会对输入输出关系产生太大的影响,因此,BP 网络具有较好的容错性。

2.4 神经网络控制的基本结构

因神经网络能对变化的环境具有自适应性,而且成为基本上不依赖于模型的一类控制,神经网络控制已经成为智能控制的一个新的分支,它在控制中的作用分为以下几种。

①在基于精确模型的各种控制结构中充当对象的模型;

②在反馈控制系统中直接充当控制器;

③在传统控制系统中起优化计算作用；

④在与其他智能控制方法和优化算法的融合中，为其提供非参数化对象模型、优化参数、推理模型及故障诊断等。

根据神经网络在控制器中的作用不同，在控制系统设计中的应用一般分为两类：一类是神经控制，它是以神经网络为基础而形成的独立智能控制系统；另一类称为混合神经网络控制，它是利用神经网络学习和优化能力来改善其他控制方法的控制。目前常用的有以下几种神经网络控制方式。

2.5　神经网络控制系统结构

由于分类方法的不同，神经控制器的结构也就有所不同。本节将简要介绍神经网络控制系统典型的结构方案，包括 NN 学习控制、NN 直接逆控制和 NN 自适应控制。

2.5.1　NN 学习控制

由于受控系统的动态特性是未知的或者仅有部分是已知的，因此，需要寻找某些支配系统动作和行为的规律，使得系统能被有效地控制。在有些情况下，需要设计一种能够模仿人类行为的自动控制器。如基于神经网络的学习控制、监督式神经控制，或 NN 监督式控制。

一个 NN 学习控制的结构如图 2.6 所示，图中包括一个导师（监督程序）和一个可训练的神经网络控制器（NNC）。控制器的输入对应于由人接收（收集）的传感输入信息，而用于训练的输出对应于人对系统的控制输入。

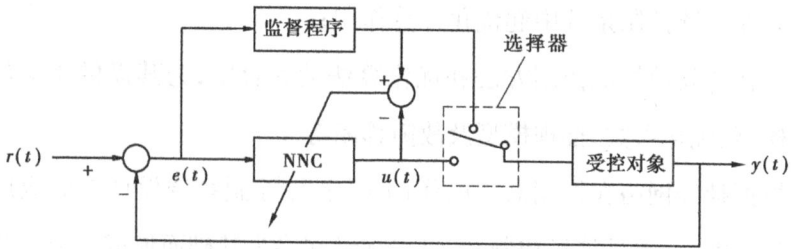

图 2.6　基于神经网络的监督控制

实现 NN 监督式控制的步骤如下：

①通过传感器和传感信息处理，调用必要的和有用的控制信息；

②构造神经网络，选择 NN 类型、结构参数和学习算法等；

③训练 NN 控制器，实现输入和输出间的映射，以便进行正确的控制。在训练过程中，可采用线性律、反馈线性化或解祸变换的非线性反馈作为导师（监督程序）来训练 NN 控制器。NN 监督式控制已被用于标准的倒立摆小车控制系统。

2.5.2　NN 直接逆模型控制

NN 直接逆控制采用受控系统的一个逆模型，它与受控系统串接以便使系统在期望响应（网络输入）与受控系统输出间得到一个相同的映射。因此，该网络（NN）直接作为前馈控制器，而且受控系统的输出等于期望输出。本控制方案已用于机器人控制，即在 Miller 开发的 CMAC 网络中应用直接逆控制来提高 PUMA 机器人操作手（机械手）的跟踪精度。这种方法在很大程度上依赖于作为控制器的逆模型的精确程度。由于不存在反馈，鲁棒性不足。逆模型参数可通过在线学习调整，以期把受控系统的鲁棒性提高至一定程度。

图 2.7 给出 NN 直接逆控制的两种结构方案。在图 2.7（a）中，网络 NN1 和 NN2 具有相同的逆模型网络结构，而且采用同样的学习算法。

图 2.7(b)为 NN 直接逆控制的另一种结构方案,图中采用一个评价函数(EF)。

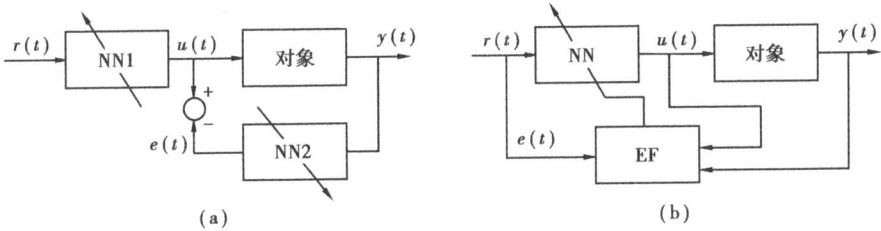

图 2.7　NN 直接逆模型控制

2.5.3　NN 自适应控制

NN 自适应控制分为两类:即自校正控制(STC)和模型参考自适应控制(MRAC)。STC 和 MRAC 之间的差别在于:STC 根据受控系统的正/逆模型辨识结果直接调节控制器的内部参数,以期能够满足系统的给定性能指标;在 MRAC 中,闭环控制系统的期望性能是由一个稳定的参考模型描述的,而该模型又是由输入—输出对 $\{r(t),y'(t)\}$ 确定的。本控制系统的目标在于使受控装置的输入 $y(t)$ 与参考模型的输出渐近地匹配,即

$$\lim_{t \to \infty} \| y'(t) - y(t) \| \leqslant \delta \qquad (2.21)$$

式中　δ——指定常数。

(1)NN 自校正控制(STC)

基于 NN 的 STC 有两种类型:直接 STC 和间接 STC。

1)NN 直接自校正控制

该控制系统由一个常规控制器和一个具有离线辨识能力的识别器组成;后者具有很高的建模精度。NN 直接自校正控制的结构基本上与直接逆控制相同。

2)NN 间接自校正控制

本控制系统由一个 NN 控制器和一个能够在线修正的 NN 解决器组

23

成。NN 间接 STC 的结构如图 2.8 所示。

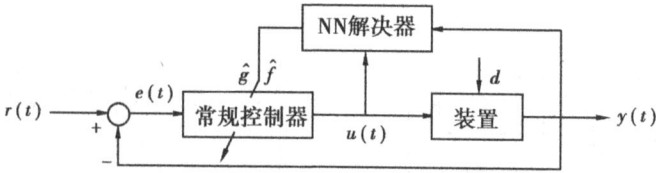

图 2.8　NN 间接自校正控制

一般,假设受控对象(装置)如下式所示的单变量非线性系统:

$$y_{k+1} = f(y_k) + g(y_k)u_k \tag{2.22}$$

式中　$f(y_k)$、$g(y_k)$ 为非线性函数。

令 $\hat{f}(y_k)$ 和 $\hat{g}(y_k)$ 分别代表 $f(y_k)$ 和 $g(y_k)$ 的估计值。如果 $f(y_k)$ 和 $g(y_k)$ 是由神经网络离线辨识的,那么能够得到足够近似精度的 $\hat{f}(y_k)$ 和 $\hat{g}(y_k)$,而且可以直接给出常规控制律:

$$u_k = [y_{d,k+1} - \hat{f}(y_k)]/\hat{g}(y_k)$$

式中　$y_{d,k+1}$——在$(k+l)$时刻的期望输出。

(2)NN 模型参考自适应控制

基于 NN 的 MRAC 也分为两类:即 NN 直接 MARC 和 NN 间接 MRAC。

1)NN 直接模型参考自适应控制

从图 2.9 的结构可知,直接 MRAC 神经网络控制器尽量维持受控对象输出与参考模型输出间的差:$e_c(t) = y(t) - y^m(t) \to \infty$,但反向传播需要知道受控对象的数学模型,因而该 NN 控制器的学习与修正已遇到很多问题。

2)NN 间接模型参考自适应控制

控制系统结构如图 2.10 所示,图中 NN 识别器(NNI)首先离线辨识受控对象的前馈模型,然后由 $e_i(t)$ 进行在线学习与修正。显然,NNI 能提供误差 $e_c(t)$ 或者其变化率的反向传播。

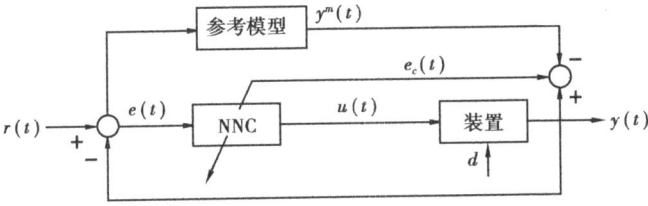

图 2.9　NN 直接模型参考自适应控制

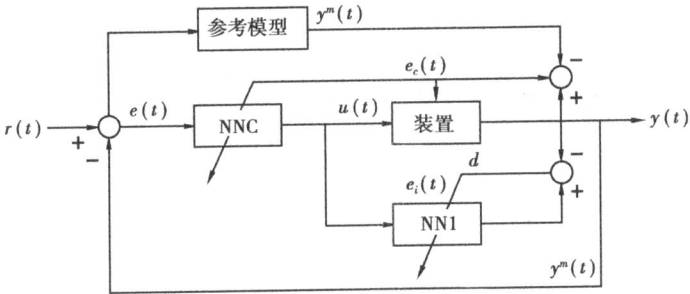

图 2.10　NN 间接模型参考自适应控制

除了上面所讲的这些结构外,神经网络控制系统还有 NN 内模控制、NN 预测控制、NN 自适应判断控制、基于 CMAC 的控制、多层 NN 控制和分级 NN 控制等多种形式。

2.6　小　结

本章主要介绍了神经网络基本理论以及一些常用的神经网络控制系统结构。不难看出,神经网络尤其是 BP 神经网络具有可大规模并行处理、分布信息存储、自适应和自组织自学习功能强等一系列优点,因而可被广泛应用于非线性控制领域,其中,包括对倒立摆系统的建模与控制。

第 **3** 章
遗传神经网络及其控制算法

神经网络的智能处理能力及控制系统所面临的问题是神经网络控制的发展动力,神经网络用于控制领域,主要解决复杂的非线性、不确定性、不确知系统的控制问题,而神经网络由于其非线性映射能力、自学习适应能力、联想记忆能力、并行信息处理能力及优良的容错性能,使得神经网络非常适用于复杂系统的建模与控制,特别是当系统存在不确定因素时,更体现了神经网络方法的优越性,它使模型与控制的概念更加一体化。

3.1 遗传算法

3.1.1 遗传算法的工作机理

GA 是模拟生物在自然界中的进化过程所形成的一种优化求解方

法。尽管这种自适应寻优技术可用来处理复杂的线性、非线性问题,但它的工作机理十分简单。标准遗传算法的步骤如下[41]:

①构造满足约束条件的染色体。由于 GA 不能直接处理解空间中的解,所以必须通过编码将解表示成适当的染色体。实际问题的染色体有多种编码方式,染色体编码方式的选取应尽可能地符合问题约束,否则将影响计算效率。

②随机产生初始种群。初始种群是搜索开始的一组染色体,其数量应适当选择。

③计算每个染色体的适应度。适应度是反映染色优劣的唯一指标,GA 就是要寻得适应度最大的染色体。

④使用复制、交叉和变异算子产生子群体。这 3 个算子是 GA 的基本算子,其中复制体现了优胜劣汰的自然规律,交叉体现了有性繁殖的思想,变异体现了进化过程中的基因突变。

⑤重复步骤④、步骤①和步骤⑤直到满足终止条件为止。

3.1.2 GA 的特点

同传统的寻优算法相比较,GA 具有以下特点:

①GA 对问题参数的代码集起作用,而不是对参数本身起作用。GA 处理的对象是染色体,因而要求把所要优化的问题的基本参数转化成定长的有限符号的染色体。

②GA 是从初始群体开始搜索的,而不是从单点开始搜索的。许多传统优化方法都有是从搜索空间的单点出发,通过某些转换规则确定下一点。这种点到点的搜索方法在多峰值优化问题中,首先找到的可能不是最优峰值;而 GA 是以点集开始的寻优过程,初始群体是随机地在搜索空间中选取的,这样在搜索过程中达到最优峰值的概率远大于点到点方

法的概率。

③GA 在搜索过程中只使用适应度函数信息,而不用导数及其他辅助信息。对于不同类型的优化问题,传统方法需要不同形式的辅助信息,没有一种优化方法能适应各类问题的要求。GA 在优化过程中,放弃使用这些辅助信息,具有广泛适应性。

④GA 使用概率转换规则而不用确定性规则。GA 使用概率转换规则来调整其搜索方向,各代群体间没有统一的联系规律。但使用概率转换规则并不意味着这种方法属于随机算法范畴,它只是使用随机转换作为工具调整搜索过程趋向于目标函数不断改进的区域。

与传统方法相比,GA 的优越性主要表现在:具有很强的搜索能力,能以很大概率找到问题的全局最优解。而且,由于它固有的并行性,能有效地处理大规模的优化问题。

3.1.3　遗传算法的基本问题

一般 GA 由 4 个部分组成:编码机制、控制参数、适应度函数和遗传算子。

(1)**编码机制**(encoding mechanism)

这是 GA 的基础,GA 不是对研究对象直接进行讨论,而是通过某种编码机制把对象统一于由特定符号(字母)按一定顺序排成的串。在 SGA 中,字符集由 0 和 1 组成,码为二元串。在优化问题里,一个串对应于一个可能解;在分类问题里,串可解释为一个规则,即串的前半部为输入或前件,后半部为输出或后件、结论等。

(2)**适应度函数**(fitness function)

优胜劣汰是自然界进化的原则。优、劣要有标准。在 GA 中用适应度函数描述每一个体的适宜程度。对优化问题,适应度函数就是目标函数。引进适应度函数的目的在于可根据其适应度对个体进行评价比较,定出优劣程度。为方便起见,在 SGA 中适应度函数的值域常取为 [0,1]。

(3) **遗传算子**(genetic operator)

在遗传算子中,最重要的算子有 3 种:选择算子(Selection Operator)、交叉算子(Crossover Operator)和变异算子(Mutation Operator)。选择算子也称复制算子(Reproduction Operator),它的作用在于根据个体的优劣程度决定它在下一代是被淘汰还是被复制。一般说来,通过选择,将使适应度大即优良的个体有较大的存在机会,而适应度小即低劣的个体继续存在的机会也较小。很多方式可以实现有效的选择,例如,两两对比的方式,即随机从父代抽取一对个体进行比较,较好的个体在下一代将被复制继续存在,SGA 采取的则是按比例选择的模式,即适应度为关的个体以的概率 $\dfrac{fi}{\sum fk}$ 继续存在,其中,分母为父代中所有个体适应度之和。

如果只有选择算子,后代的群体不会超出初始群体即第一代的范围。因此,还需要一些更合理的算子。常用的有交换和突变。

交换算子有多种形式,最简单的是所谓的单点交换(simple-point crossover),这也是 SGA 使用的交换算子,即从群体中随机取出两个字符串,设串长为 L,随机确定交叉点,它在 1 到 $L-1$ 间的正整数取值。于是,将两个字符串的右半段互换再重新连接得到两个新串。当然,得到的新串不一定都能保留在下一代,需和原来的串(亲本)进行比较,保留适应度大的两个。

进行交换后,可进行突变。突变算子是改变字符串的某个位置上的字符。在 SGA,即为 0 与 1 互换:0 突变为 1,1 突变为 0。一般认为,突变算子重要性次于交换算子,但其作用也不能忽视。例如,若在某个位置上。初始群体所有串都取 0,但最优解在这个位置上却取 1,于是只通过交换达不到 1 而突变则可做到。

（4）**控制参数**(controlpa rameters)

在 GA 的实际操作时,需适当确定某些参数的值以提高选优的效果。这些参数是:

字符串中所含字符的个数,即串长。在 SGA 中,这一长度为常数,即为定长,记为 L;

每一代群体的大小,即所包含字符串的个数,也称群体的容量,记为 n;

交换率(Crossover rate),即施行交换算子的概率,记为 P_c;

突变率(Mutation rate),即施行突变算子的概率,记为 P_m,在 SGA 中,若群体容量较大,如 $n=100$,通常取 $P_c=0.6$,$P_m=0.001$;若群体容量较小,如 $n=30$,通常取 $P_c=0.9$,$P_m=0.01$,此外还有遗传的"代"数,或其他可供确定中止繁殖的指标等。

3.1.4 GA 的理论研究概况

遗传算法在理论研究方面的主要内容有分析它的编码策略、全局收敛性和搜索效率的数学基础、遗传算法的新结构研究、基因操作策略及其性能研究、遗传算法参数的选择以及与其他算法的综合的比较研究等。

GA 本身是一种改进的随机算法,因此,从随机过程的角度对 GA 进行分析是十分自然的,目前的 GA 的理论研究也主要集中于此。模式从模式(一个问题可行解二进制编码串的真子集)的角度定性地说明了 GA 的并行性、高效性、广谱性。虽然 GA 的模式定理说明在遗传算法的优化运行中,定义长度短、确定基因少、平均适应值高的模式数量将随着迭代代数的增加呈指数形式增长。然而这种高适应值模式的指数增长趋势并非隐含着 GA 一定会寻找到全局最优解这个结论。

目前最新的基于遗传算法的随机特性的理论分析证明,仅有比例复制、单点交叉、随机变异的 SGA 算法本身是不具有全局寻优能力的。

3.2　遗传算法的改进

由于简单遗传算法(SGA)仅包含 3 个遗传算子:选择算子、交叉算子和变异算子,且 SGA 的选择一般采用"蒙特卡洛法",其交叉和变异概率是固定不变的,因而 SGA 有搜索速度慢、不成熟收敛和迭代次数多等缺点。

对于神经网络来说,GA 所处理的每个个体都是单独的一个网络,所涉及的参数即网络的权值均为实数,而 SGA 所处理的参数是采用二进制编码的整数。虽然可以采用二进制编码再转化成实数,但这样引入了量化误差,使参数变化变为步进,如目标函数值在最优点附近变化较快的情况下,则可能错过最优点。因此,网络的权值适宜采用实数表示。然而,NN 的结构参数一般是整数型的,也就是说,ANN 的参数有连续型的,也有离散型的,ANN 的学习问题是一类非线性混合优化问题,用一般的优化方法做不到,GA 可以方便的表示逻辑值和实数值,且 GA 并未规定一定要用数来表示,GA 也可以应用于不好量化的对象。

为克服 SGA 的不足和便于与神经网络结合,本文采用面向神经网络的遗传算法(Neural Network Oriented GA,NNOGA)。

3.2.1 改进的基本方法

改进的基本方法有以下 7 种：

①优先策略；②静态复制；③移民算法；④自适应变异；⑤分布式遗传算法；⑥双层遗传算法；⑦摄动遗传算法。

3.2.2 编码方式的改进

神经网络的权值学习是一个复杂的连续参数优化问题，如果采用二进制编码，会造成编码串过长，且需要再解码为实数，使权值变化为步进，影响网络学习精度。因此，本论文采用实数编码。如图 3.1 所示，神经网络的各权值按一定的顺序级连成一个长串，串上的每一项一个位置对应着网络的一个权值。

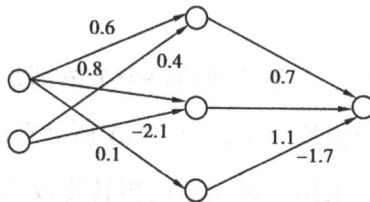

图 3.1 NNOGA 的编码方式

对二进制编码方式，变异操作不能保证父个体与新个体充分接近，也就是说，二进制编码方式的种群的稳定性较差，而对于实编码方式，由于其变异量可以任意小，能保证父个体与新个体充分接近，因而能保证种群的稳定性。

编码为：(0.6,0.8,0.1,0.4,−2.1,0,0.7,1.1,−1.7)。

3.2.3 评价函数

评价函数又称适应值函数，是 GA 指导搜索的唯一信息，它的选取是算法好坏的关键。对于不同的优化问题,适应值的选取有不同的方式都必须保证适应值非负的,且朝着最大化方向发展。该书中的适应值函数选取为系统均方差的倒数,即

$$f = \frac{m}{\sum_{k=1}^{m} \left[y(k) - \hat{y}(k) \right]^2} \tag{3.1}$$

式中　$y(k)$——系统理想输出;

　　　$\hat{y}(k)$——实际输出的个数。

这种选取方式可以很好地包含优化信息,m 为输入输出样本对引导搜索朝着最优解的方向发展。

选择好适应值函数以后,为了防止出现过早收敛和保持种群的多样性,还需进行适应值调整。这里采用线性调整法,即

$$F_{new} = \begin{cases} k_1 * F, F \geqslant k_1 * F_{new} \\ F, F < k_1 * F_{avg} \end{cases} \tag{3.2}$$

式中　F_{new}——染色体新的适应度;

　　　F——染色体原来的适应度;

　　　F_{avg}——种群的平均适应度;

　　　k_1——大于 1 的常数。

3.2.4　初始化过程

在 BP 算法中,初始权值一般取 $[-1.0, 1.0]$ 的随机数。同样,在 NNOGA 中,初始值也采用随机方式,而且应使初始种群在解空间上均匀分布为好,以使遗传算法能够搜索所有可行解的范围。通过过去大量的实验发现,在初始染色体集中,网络的各权值可以以概率分布 $e^{-|r|}$ 来随机确定。采用这种初始权值的取法,当网络收敛后,网络的权值的绝对值一般都较小,但也有一些权值是较大的。

为保证初始种群在解空间上均匀分布,首先得使随机数 r 在一定范围内均匀分布,若超过了一定范围,则 $e^{-|r|} \rightarrow 0$,因此,在编程和程序调试时必须注意。

3.2.5 遗传算子的改进

对于不同的应用问题,遗传算子的形式多种多样,这里采用选择、交叉和变异算子。

(1)**选择算子**

在 GA 中,选择算子保证解群的收敛性。这里不采用按比例的选择方式来决定某个体是否被复制,而采用一种新的选择方式。具体方法如下:

先采用最优保留策略,即将父代种群中适应值最大的 $0.1N(10\%)$ 个优良个体直接传递到子代染色体集中去,成为子代染色集中的个体。父代种群中剩下的 $0.9N$ 个个体按适应值从大到小排序,然后按优良个体度量 P 来决定这些个体被选中的概率。这些个体以式(3.2)的概率成为参与交叉和变异的父代染色体集中的个体。

$$C_2 = C_1 P, C_3 = C_2 P, \cdots \qquad (3.3)$$

式中 C_1, C_2, C_3 ——种群中适应值的最优、次优等的个体的概率。

(2)**交叉和变异算子**

在 GA 中,搜索性主要通过交叉(Crossover)和变异(Mutation)来实现,因此,交叉和变异算子直接关系到 GA 能否找到最优解。交叉是指按一定概率随机地选择匹配对,然后这两个匹配的串随机地交换部分串位形成后代串,故交叉概率 P_c 控制着交叉操作的概率,P_c 过大,会使高适应值的解很快被破坏掉;P_c 过小,又会使搜索停滞不前;变异概率 P_m 是另一种增大种群多样性的因子,P_m 控制着变异操作的概率,P_m 过大,会破坏有用模式而使解远离最优解,使 GA 变成随机搜索,P_m 过小,则不会产生新的基因块,无法使陷于超平面的解摆脱超平面。

本文采用比例交叉算子(Proportinal Crossover)和自适应交叉概率。

比例交叉的操作过程为:从种群中任选出两个待交叉的母体串 1 和串 2,随机产生一个与双亲个体相同长度,各位数字为 0 或 1 的数字串,称其为交换模板 T。然后根据串 1、串 2 的适应值来决定所产生的新个体各位如何继承其双亲各位的值[47]。

如图 3.2 所示,设串 1、串 2 的适应值分别为 f_1 和 f_2,并设 $f_1 > f_2$,记 $\rho = \dfrac{f_1}{f_1 + f_2}$,当且仅当模板 T 中的第 i 位 $T_i < \rho$ 时,新串继承串 1 中的该位数值,否则继承串 2 中的该位数值,反之亦然。

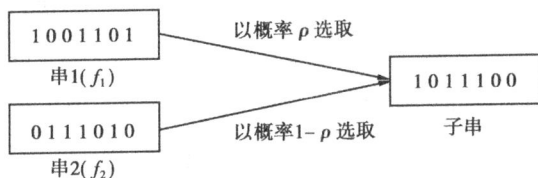

图 3.2　PC 算子的实现过程

自适应交叉概率由下面的公式计算:

$$P_c = \begin{cases} k_c(f_{\max} - f)/(f_{\max} - \bar{f}), & f \geqslant \bar{f} \\ k_c, & f < \bar{f} \end{cases} \tag{3.4}$$

变异算子:对于子代染色体中的的每个权值输入位置,变异算子以自适应变异概率 P_m 在初始概率分布中随机选择一个值,然后与该输入位置上的权值相加。自适应变异率 P_m 的计算公式如下:

$$P_m = \begin{cases} k_m(f_{\max} - f)/(f_{\max} - \bar{f}), & f \geqslant \bar{f} \\ k_m, & f \leqslant \bar{f} \end{cases} \tag{3.5}$$

式(3.4)和(3.5)中的 k_c,k_m 为常数,一般取 $0.6\sim1.0$ 的实数,f_{max} 和 $\bar{f}$ 分别为群体的最大适应值和平均适应值,式(3.4)中的 f 为要交叉的两个个体中适应值较大的一个的适应值,式(3.5)中 f 为要变异的个体的适应值。$f_{max}-\bar{f}$ 体现了群体的收敛程度,若此值小,说明群体已趋向收敛,应加大交叉和变异概率。

3.2.6　面向神经网络的遗传算法的步骤

改进遗传算法的步骤如下:

①构造满足约束条件的染色体。由于 GA 不能直接处理解空间中的解,所以必须通过编码将解表示成适当的染色体。实际问题的染色体有多种编码方式,染色体编码方式的选取应尽可能地符合问题约束,否则将影响计算效率。

②确定遗传算法的控制参数,如染色体的数目,染色体长度等。

③随机产生初始种群。初始种群是搜索开始的一组染色体,其数量应适当选择,应使初始种群中的个体在解空间上均匀分布,以便较快搜索到最优解。

④计算每个染色体的适应度。适应度是反映染色优劣的唯一指标,GA 就是要寻得适应度最大的染色体。

⑤使用复制、交叉和变异算子产生子群体。这 3 个算子是 GA 的基本算子,其中复制体现了优胜劣汰的自然规律,交叉体现了有性繁殖的思想,变异体现了进化过程中的基因突变,复制、交叉和变异都采用本节所给的方法。

⑥重复步骤③、步骤④和步骤⑤直到满足终止条件为止。

3.3　改进 GA 的神经网络控制器设计

GA 用于 ANN 的另一方面是用 GA 学习 NN 的权重,也就是用以来取代一些传统的学习算法。评价一个学习算法的标准是:简单性、可塑性和有效性。一般的,简单的算法并不有效,可塑的算法又不简单,而有效的算法则要求算法的专一性,从而又与算法的可塑性、简单性相冲突,目前,广泛研究的前馈网络中采用的是 Rumelhart 等人推广的 BP 算法。BP 算法具有简单和可塑的优点,但是 BP 算法是基于梯度的方法,这种方法的收敛速度慢,且常受局部极小点的困扰,采用 GA 则可摆脱这种困境。

给出前馈神经网络的结构和设计方法与步骤,为后面的算法实现作准备。

3.3.1　前馈神经网络的结构[47]

前馈神经网络的结构如图 3.3 所示,从结构上看,BP 网络是典型的多层网络,它分为输入层、隐层和输出层。层与层之间多采用互联方式。BP 网络的基本处理单元为非线性输入输出关系,一般先用(0,1)S 型作用函数,即

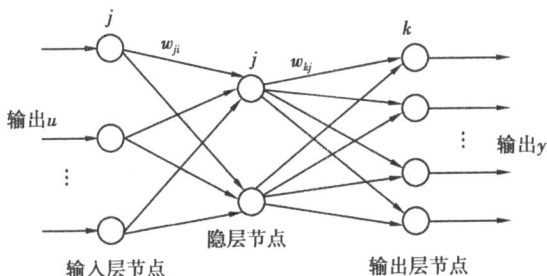

图 3.3　*BP* 模型结构

$$f(x) = \frac{1}{1 + e^x}$$

对第 P 个样本误差计算公式为：

$$E_p = \frac{\sum_i (d_{pi} - y_{pi})^2}{2}$$

式中　d_{pi}——期望输出；

　　　y_{pi}——计算输出。

处理单元的输入、输出值可连续变化。

设 BP 神经网络具有 m 层，各个神经元的输入输出关系函数是 $f[\cdot]$，输入 u 的各分量构成了第 i 层的神经元的输入，这一层的输出可以直接等于其输入。

隐层第 j 个神经元的输入为：

$$net_j = \sum_j w_{ji} o_i$$

隐层第 j 个神经元的输出为：

$$o_j = f(net_i)$$

隐层第 k 个神经元的输入为：

$$net_k = \sum_j w_{kji} o_j$$

隐层第 k 个神经元的输出为：

$$o_k = f(net_k)$$

BP 学习算法是通过反向学习过程使误差最小，在神经网络的学习阶段，给定模式 u_p 作为网络的输入，要求网络通过调整权值，使得输出层上得到理想的输出值 t_p。通常网络的训练并非总能成功，也就是说，网络的实际输出 o_{pk} 与目标输出 t_{pk} 并不完全一致，因此，可以选择目标函数为：

$$J_p = \frac{1}{2} \sum_k (t_{pk} - o_{pk})^2$$

为表示方便,常将下标 p 省略。也就是选择神经网络权值使期望输出 t_k 与实际输出 o_k 之差的平方和最小。它实际上是求误差函数 J 的极小值。可以利用非线性规划中的"快速下降法"使权值沿误差函数的梯度方向改变,因此,权值的修正量为:

$$\Delta w_{kij} = -\varepsilon \frac{\partial J}{\partial w_{kj}} (\varepsilon > 0)$$

式中　ε——学习步长,在 $[0,1]$ 取值。

通过链式法可以得到:

对于任意输出层的神经元 k,则有:

$$\Delta w_{kj} = \varepsilon \delta_k o_j = \varepsilon(t_k - o_k) \cdot f'_k(net_k)o_j$$

对于隐层的权值变化表示如下:

$$\Delta w_{ji} = \varepsilon f'(net_j)o_i \sum_k \delta_k w_{kj}$$

在许多情况下要求每个神经元提供一个可训练的偏移量 θ_j,它可以偏置原来的特性曲线,其效果等效于调节神经元的阈值,从而训练速度更快。这一特征可以很容易地插到训练算法中去,把 +1 通过一个权值向每一个神经元,这个权可以采用和其他权相同的办法训练,不同的是偏移项输入始终为 +1,而其他权的输入是前一层神经网络的输出。此外,从以上的分析可以看出,求 j 层的误差信号,需要上一层的误差信号,故误差函数的求取是一个始于输出层的反向传播的递归过程,通过多个样本的学习,修改权值,不断减少偏差,最后达到满意的效果。

3.3.2　前馈神经网络设计

三层前馈神经网络的设计过程如下。

（1）**输入与输出层的设计**

前馈神经网络的输入、输出层维数是完全根据使用者的要求来设计。根据实际对象的输入量和输出量来考虑输入层的节点数和输出层的节点数，只是在设计中应尽可能减小系统的规模，使学习的时间和系统的复杂性减小。

（2）**隐层的数目**

一般情况下，可以用一个隐层的神经网络完成任意的 n 维到 m 维的映射。

（3）**隐层节点数的选择**

隐层节点数的选择是一个十分复杂的问题，因为没有很好的解析式来表示，可以说它的节点数与问题的要求，输入输出单元的多少都有直接的关系，只能根据经验来选择，通过多次试验来确定它的节点数，另外也要注意隐节点数不能太多，否则影响收敛的速度，使收敛时间延长；隐节点数也不能选择太少，否则就会影响收敛的精度，不能达到控制精度要求。

（4）**初始值的选取**

由于系统是非线性的，初始值对于学习是否到最小和是否难收敛的关系很大，一个重要的要求是希望初始权在输入累加时使每个神经元的状态值接近于零，这样可保证一开始时不落到那些平坦区上。权一般取随机数，而且权的值要求比较小，这样可以保证每个神经元一开始都在它们转换函数变化最大的地方进行。

（5）**前馈神经网络的结构设计方法**

对于前馈神经网络结构设计，通常采用的方法有 3 类：直接定型法、修剪法和生长法。

直接定型法设计一个实际网络对修剪法设定初始网络有很好的指导意义；修剪法由于要求从一个足够大的初始网络开始，注定了修剪过程将是漫长而复杂的,更为不幸的是,BP 训练只是最速下降优化过程,它不能保证对于超大初始网络一定能收敛到全局最小或是足够好的局部椎小。因此,修剪法并不总是有效的,生长法似乎更符合人的认识事物、积累知识的过程,具有自组织的特点,则生长法可能更有前途,更有发展潜力。

3.3.3　改进 GA 的神经网络控制器设计

对于遗传神经网络控制器的设计分为下面几步:

①确定网络的输入量和输出量;

②对连续非线性对象进行离散化;

③根据控制系统的要求,确定 NN 的层数和节点数,通常需要根据经验和实验来确定;

④根据控制系统的目的,选取误差目标函数;

⑤神经网络的权值转变成遗传算法的优化问题;

⑥训练权值,得到最好的一组权值;

⑦权值确定后,将这一组权值作为网络的参数,遗传神经网络控制器就能设计好。

3.3.4　用 NNOGA 训练 NN 权值的步骤

采用面向神经网络的遗传算法(NNOGA)来训练神经网络的权值,再将训练后的神经网络权值用于控制对象的神经网络控制器,以便实现对控制对象的控制。算法的步骤如下:

①设 GA 的控制参数,如初始种群的数目 N,交叉率和变异率等,以及神经网络的结构和权值的精度,这为对网络权值进行实数编码作好了准备;

②随机产生 N 个位串构成初始种群,种群中每一位串则代表一个待

优化的神经网络；

③以前向方式运行神经网络,计算出每一网络对应的适应值函数,进行评价；

④按照式(3.2)、式(3.3)和式(3.4)对网络进行繁殖、交叉和变异等遗传操作,产生新一代网络；

⑤重复步骤③、步骤④和步骤⑤,直至算法收敛到设定的精度,即有一个网络满足精度要求,该网络即是由 NNOGA 最终学习出来满足要求的神经网络。

3.3.5 用 NNOGA 训练 NN 权值的程序框图

遗传神经网络算法的基本流程如图 3.4 所示。

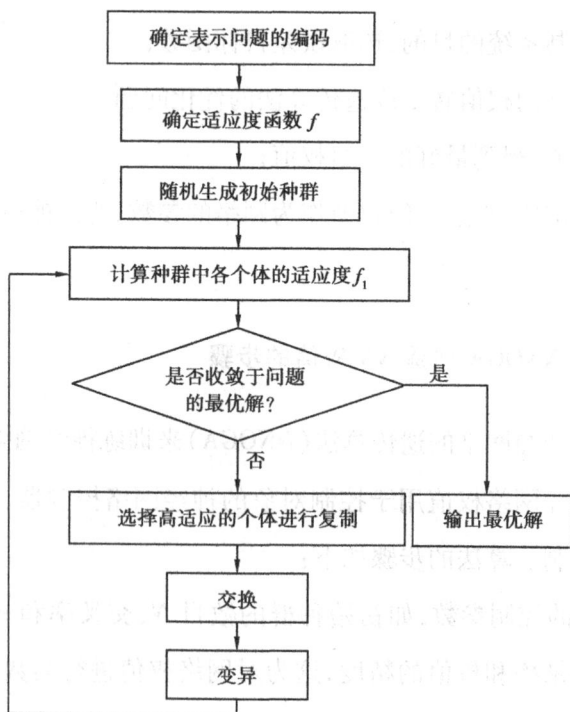

图 3.4 遗传神经网络算法的基本流程图

3.3.6　用 NNOGA 训练 NN 权值的数据结构

本程序主要数据结构是种群(population)。

```
# define POPULATION_SIZE 30        / * 群数目 * /
# define WEIGHT_NUM 31             / * 连接权数目 * /
# define SAMPLE_NUM 500            / * 样本对数 * /
# define FIRST 4                   / * NN 输入层结点数 * /
# define SECOND 5                  / * NN 隐含层结点数 * /
# define CHROM_LENGTH 31           / * 位串长度 * /
# define K 1.5                     / * 适应值调整参数 * /
# define P 0.8                     / * 选择用参数 * /
FILE  * fp;
int generation;                    / * 产生后代数 * /
int selected[POPULATION_SIZE];
struct population
{
   double value[WEIGHT_NUM];       / * 网络权值 * /
   double string[CHROM_LENGTH];    / * 染色体位串 * /
   double fitness;                 / * 适应值 *
};
```

3.3.7　用 NNOGA 训练 NN 权值的程序

详细程序见第 5 章的"5.3 基于改进遗传算法的神经网络对倒立摆系统的控制"的内容。

3.4 小 结

本章主要是从遗传神经网络及其控制算法的理论方面进行研究,先对人工神经网络的基本原理和遗传算法的基本问题进行了简单介绍,然后重点探讨了反向传播算法神经网络控制器的设计、遗传算法的改进和基于改进遗传算法神经网络控制器的设计。

第 **4** 章
倒立摆系统及控制研究

本章先给出了一、二级倒立摆的控制模型,在对一、二级倒立摆模型分析的基础上,利用物理学、理论力学和控制理论的相关知识独立推导出了三级倒立摆系统的非线性数学模型。接着用了一种线性最优控制方法—二次型最优调节器设计方法对倒立摆系统进行了控制仿真,而且对仿真结果进行了详细分析并得出了结论。为后面章节提供控制效果对比的依据。

4.1 一级倒立摆的控制模型

4.1.1 系统的结构

倒立摆小车系统如图 4.1 所示。假设倒立摆的角度为 θ 并且设其角

速度 $\dot{\theta}$ 很小,因此, $\sin\theta \cong \theta$, $\cos\theta \cong 1$ 和 $\theta\dot{\theta} \cong 0$。给定 M、m 和 l 的数值为:$M = 2$ kg,$m = 0.1$ kg,$l = 0.5$ m。小车在控制函数:$f = u(t)$ 的作用下,沿 x 方向在垂直平面内稳定运动。

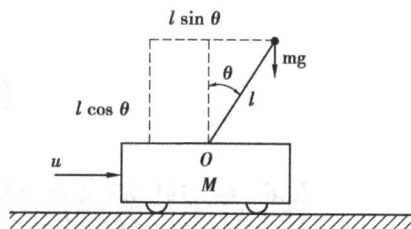

图 4.1 一级倒立摆系统

4.1.2 系统的数学模型

给定如图 4.2 所示的倒立摆控制系统。其动力学方程为:

$$Ml\ddot{\theta} = (M + m)g\theta - u \tag{4.1}$$

$$M\ddot{x} = u - mg\theta \tag{4.2}$$

4.2 二级倒立摆的控制模型

4.2.1 系统的结构

二级倒立摆系统主要由控制对象、导轨、电机、皮带轮、传动带以及电气测量装置组成,控制对象由小车、下摆、上摆组成,上、下摆由轴承连接,并且可以在平行导轨的铅垂平面内自由转动,两个电位器分别安装在连接处,测量摆的相对偏角 $\theta_2 - \theta_1$ 和 θ_1,系统运动分析示意图如图 4.2 所示[25]。

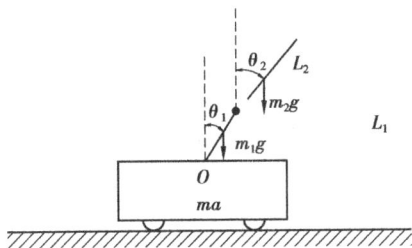

图 4.2　二级倒立摆系统

4.2.2　二级倒立摆的数学模型

由动力学理论可得二级倒立摆的非线性模型[29]：

$$
M(\theta_1,\theta_2)\begin{bmatrix}\ddot{\gamma}\\\ddot{\theta}_1\\\ddot{\theta}_2\end{bmatrix}=F(\theta_1,\theta_2,\dot{\theta}_1,\dot{\theta}_2)\begin{bmatrix}\dot{\gamma}\\\dot{\theta}_1\\\dot{\theta}_2\end{bmatrix}+N(\theta_1,\theta_2)+\begin{bmatrix}G_0U\\0\\0\end{bmatrix} \quad (4.3)
$$

式中：

$$
M(\theta_1,\theta_2)=
$$

$$
\begin{bmatrix}
m_0+m_1+m_2+m_2 & (m_1d_1+m_2d_2)\cos\theta & m_2d_2\cos\theta_2\\
(m_1d_1+m_2d_3)\cos\theta & J_1+m_1d_1^2+m_2d_3^2 & m_2d_2d_3\cos(\theta_2-\theta_1)\\
m_2d_2\cos\theta_2 & m_2d_2d_3\cos(\theta_2-\theta_1) & J_2+m_2d_2^2
\end{bmatrix}
$$

$$
F(\theta_1,\theta_2,\dot{\theta}_1,\dot{\theta}_2)=
$$

$$
\begin{bmatrix}
-f_0 & (m_1d_1+m_2d_3)\sin\theta_1\cdot\dot{\theta} & m_2d_2\sin\theta_2\cdot\dot{\theta}_2\\
0 & -(f_1+f_2) & f_2+m_2d_2d_3\dot{\theta}_2\sin(\theta_2-\theta_1)\\
0 & -m_2d_2d_3\dot{\theta}_1\sin(\theta_2-\theta_1)+f_2 & -f_2
\end{bmatrix}
$$

$$N(\theta_1,\theta_2) = \begin{bmatrix} 0 \\ (m_1d_1 + m_2d_3)g\sin\theta_1 \\ m_2d_2g\sin\theta_2 \end{bmatrix}$$

4.2.3 二级倒立摆系统的参数说明

式(4.3)中的参数说明如下:

m_0——小车系统的等效质量 1.328 22 kg;

m_1——摆质量 0.22 kg;

m_2——上摆质量 0.187 kg;

J_1——下摆圆心至转轴处转动惯量 0.004 963 kg·m²;

d_1——下摆圆心至转轴之间的距离 0.304 m;

d_4——上摆杆长度;

J_1——上摆圆心至转轴处转动惯量 0.004 824 kg·m²;

g——重力加速度;

d_2——上摆圆心至转轴间的距离 0.226 m;

d_3——上、下摆转轴间的距离 0.49 m;

f_0——小车系统的摩擦系数 22.947 kg/s;

f_1——下摆转轴处的摩擦阻力矩系数 0.007 056 kg·m/s;

f_2——上摆转轴处的摩擦阻力矩系数 0.002 646 kg·m/s;

G_0——输出与输入电压之比,其值为 11.88 N/V。

变量符号说明如下:

U——直流放大器的输入电压;

γ——水平位移,以导轨中心处为;

θ_1,θ_2——下、上摆的角位移,以摆杆处垂直位置为0。

4.3　三级倒立摆的数学模型

4.3.1　系统的结构

三级倒立摆系统主要由控制对象、导轨、电机、皮带轮、传动带以及电气测量装置组成,控制对象由小车、下摆、中摆、上摆组成,上、中、下摆由轴承连接,并且可以在平行导轨的铅垂平面内自由转动,三个电位器分别安装在连接处,测量摆的相对偏角 θ_3, $-\theta_2$, θ_2, $-\theta_1$, θ_1。

4.3.2　系统的参数说明

三级倒立系统的参数说明如下:

m_0——小车系统的等效质量;

m_1——下摆质量;

m_2——中摆质量;

m_3——上摆质量;

J_1——下摆圆心至转轴处转动惯量;

d_1——下摆圆心至转轴之间的距离;

J_2——中摆圆心至转轴处转动惯量;

d_2——中摆圆心至转轴之间的距离;

J_3——上摆圆心至转轴处转动惯量;

d_3——上摆圆心至转轴之间的距离;

d_4——中、下摆转轴间的距离;

d_5——上、中摆转轴间的距离;

d_6——上摆杆长度;

f_0——小车系统的摩擦系数；

f_1——下摆转轴处的摩擦阻力矩系数；

f_2——中摆转轴处的摩擦阻力矩系数；

f_3——上摆转轴处的摩擦阻力矩系数；

d——皮带轮直径；

G_0——输出与输入电压之比；

g——重力加速度。

变量符号说明：

U——直流放大器的输入电压；

γ——水平位移，以导轨中心处为 0；

$\theta_1, \theta_2, \theta_3$——下、中、上摆的角位移，以摆杆处垂直位置为 0。

4.3.3 数学模型推导

假设条件：上、中、下摆及小车都是刚体；皮带轮与传动带之间无相对滑动，传动带无伸长现象；小车的驱动力与直流放大器的输入成正比，且无滞后，忽略电机电枢绕组中的电感；小车运动时所受的摩擦力正比于小车的速度；各摆的摩擦力矩与相对速度（角速度）成正比。系统运动分析示意图如图 4.3 所示。

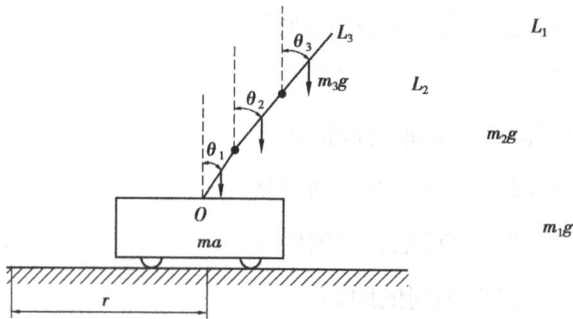

图 4.3 三级倒立摆系统

（1）**小车系统**

动能：

$$E_{k0} = \frac{1}{2} m_0 \dot{\gamma}^2$$

势能：

$$E_{p0} = 0$$

损失能：

$$E_{D0} = \frac{1}{2} f_0 \dot{\gamma}^2$$

（2）**下摆**

动能：

$$E_{k1} = \frac{1}{2} J_1 \dot{\theta}_1^2 + \frac{1}{2} m_1 \left\{ \left[\frac{\mathrm{d}}{\mathrm{d}t} (\gamma + d_1 \sin \theta_1) \right]^2 + \left[\frac{\mathrm{d}}{\mathrm{d}t} (d_1 \cos \theta_1) \right]^2 \right\}$$

势能：

$$E_{p1} = m_1 g d_1 \cos \theta_1$$

损失能：

$$E_{D1} = \frac{1}{2} f_1 \dot{\theta}_1^2$$

（3）**中摆**

动能：

$$E_{k2} = \frac{1}{2} J_2 \dot{\theta}_2^2 + \frac{1}{2} m_2 \left\{ \left[\frac{\mathrm{d}}{\mathrm{d}t} (\gamma + d_4 \sin \theta_1 + d_2 \sin \theta_2) \right]^2 + \right.$$

$$\left. \left[\frac{\mathrm{d}}{\mathrm{d}t} (d_4 \cos \theta_1 + d_2 \cos \theta_2) \right]^2 \right\}$$

势能：

$$E_{p2} = m_2 g (d_4 \cos \theta_1 + d_2 \cos \theta_2)$$

损失能：

$$E_{D2} = \frac{1}{2}f_2(\dot{\theta}_2 - \dot{\theta}_1)^2$$

（4）上摆

动能：

$$E_{k3} = \frac{1}{2}J_3\dot{\theta}_2^2 + \frac{1}{2}m_3\left\{\left[\frac{\mathrm{d}}{\mathrm{d}t}(\gamma + d_4\sin\theta_1 + d_5\sin\theta_2 + d_3\sin\theta_3)\right]^2 + \left[\frac{\mathrm{d}}{\mathrm{d}t}(d_4\cos\theta_1 + d_5\cos\theta_2 + d_3\cos\theta_3)\right]^2\right\}$$

势能：

$$E_{p3} = m_3g(d_4\cos\theta_1 + d_5\cos\theta_2 + d_3\cos\theta_3)$$

损失能：

$$E_{D3} = \frac{1}{2}f_3(\dot{\theta}_3 - \dot{\theta}_2)^2$$

令

$$E_k = E_0 + E_1 + E_2 + E_3,$$
$$E_p = E_{p0} + E_{p1} + E_{p2} + E_{p3},$$
$$E_D = E_{D0} + E_{D1} + E_{D2} + E_{D3}$$

设 Lagrange 函数：$L = E_k - E_p$，由 Lagrange 方程得：

$$\frac{\mathrm{d}}{\mathrm{d}t}\left[\frac{\partial L}{\partial \dot{q}_k}\right] - \frac{\partial L}{\partial q_k} + \frac{\partial E_D}{\partial \dot{q}_k} = Q_k$$

式中　Q_k——广义力；

　　　q_k——广义坐标。

于是可得：

$$M(\theta_1,\theta_2,\theta_3)\begin{bmatrix} \ddot{\gamma} \\ \ddot{\theta}_1 \\ \ddot{\theta}_2 \\ \ddot{\theta}_3 \end{bmatrix} = F(\theta_1,\theta_2,\theta_3,\dot{\theta}_1,\dot{\theta}_2,\dot{\theta}_3)\begin{bmatrix} \dot{\gamma}_1 \\ \dot{\theta}_1 \\ \dot{\theta}_2 \\ \dot{\theta}_3 \end{bmatrix} +$$

$$N(\theta_1,\theta_2,\theta_3) + \begin{bmatrix} G_0 U \\ 0 \\ 0 \\ 0 \end{bmatrix} \tag{4.4}$$

式中：

$$M(\theta_1,\theta_2,\theta_3) = [A \quad B \quad C \quad D]$$

其中：

$$A = \begin{bmatrix} m_0 + m_1 + m_2 + m_3 \\ m_1 d_1 \cos\theta_1 + m_2 d_4 \cos\theta_1 + m_3 d_4 \cos\theta_1 \\ m_2 d_2 \cos\theta_2 + m_3 d_5 \cos\theta_2 \\ m_3 d_3 \cos\theta_3 \end{bmatrix},$$

$$B = \begin{bmatrix} m_1 d_1 \cos\theta_1 + m_2 d_4 \cos\theta_1 + m_3 d_4 \cos\theta_1 \\ J_1 + m_1 d_1^2 + m_2 d_4^2 + m_3 d_4^2 \\ m_2 d_2 d_4 \cos(\theta_2 - \theta_1) + m_3 d_4 d_5 \cos(\theta_2 - \theta_1) \\ m_3 d_4 d_5 \cos(\theta_3 - \theta_1) \end{bmatrix},$$

$$C = \begin{bmatrix} m_2 d_2 \cos\theta_2 + m_3 d_3 \cos\theta_2 \\ m_2 d_2 d_4 \cos(\theta_2 - \theta_1) + m_3 d_4 d_5 \cos\cos(\theta_2 - \theta_1) \\ J_2 + m_2 d_2^2 + m_3 d_5^2 \\ m_3 d_3 d_5 \cos(\theta_3 - \theta_2) \end{bmatrix},$$

53

$$D = \begin{bmatrix} m_3 d_3 \cos \theta_3 \\ m_3 d_3 d_4 \cos(\theta_3 - \theta_1) \\ m_3 d_3 d_5 \cos(\theta_3 - \theta_2) \\ J_3 + m_3 d_3^2 \end{bmatrix}$$

$$F(\theta_1, \theta_2, \theta_3, \dot{\theta}_1, \dot{\theta}_2, \dot{\theta}_3) = \begin{bmatrix} A_1 & B_1 & C_1 & D_1 \end{bmatrix}$$

其中

$$A_1 = \begin{bmatrix} -f_0 \\ 0 \\ 0 \\ 0 \end{bmatrix},$$

$$B_1 = \begin{bmatrix} (m_1 d_1 \sin \theta_1 + m_2 d_4 \sin \theta_1 + m_3 d_4 \sin \theta_1) \cdot \dot{\theta}_1 \\ -(f_1 + f_2) \\ f_2 - m_2 d_2 d_4 \dot{\theta}_1 \sin(\theta_2 - \theta_1) + m_3 d_4 d_5 \dot{\theta}_1 \sin(\theta_2 - \theta_1) \\ -m_3 d_3 d_4 \dot{\theta}_1 \sin(\theta_3 - \theta_1) \end{bmatrix},$$

$$C_1 = \begin{bmatrix} (m_2 d_2 \sin \theta_2 + m_2 d_3 \sin \theta_2) \dot{\theta}_2 \\ f_2 + (m_3 d_3 d_4 + m_3 d_4 d_5) \dot{\theta}_2 \sin(\theta_2 - \theta_1) \\ -(f_2 + f_3) \\ f_3 - m_3 d_3 d_5 \dot{\theta}_2 \sin(\theta_3 - \theta_2) \end{bmatrix},$$

$$D_1 = \begin{bmatrix} m_3 d_3 \sin \theta_3 \cdot \dot{\theta}_3 \\ m_3 d_3 d_4 \dot{\theta}_3 \sin(\theta_3 - \theta_1) \\ f_3 + m_3 d_3 d_5 \dot{\theta}_3 \sin(\theta_3 - \theta_2) \\ -f_3 \end{bmatrix}。$$

$$N(\theta_1, \theta_2, \theta_3) = \begin{bmatrix} 0 \\ (m_1 d_1 + m_2 d_4 + m_3 d_4) g \sin \theta_1 \\ (m_2 d_2 + m_3 d_3) g \sin \theta_2 \\ m_3 d_3 g \sin \theta_3 \end{bmatrix}$$

上式即为三级倒立摆系统的非线性控制模型。

4.4　倒立摆控制系统仿真的实现原理

本书以 MATLAB7.1/SIMULINK 为平台,进行倒立摆系统的仿真与实时控制。图 4.4 和图 4.5 为本书所采用的倒立摆控制系统的 SIMULINK 仿真结构图。可以看出,该系统是一个反馈控制回路。其中 Dynamics 模

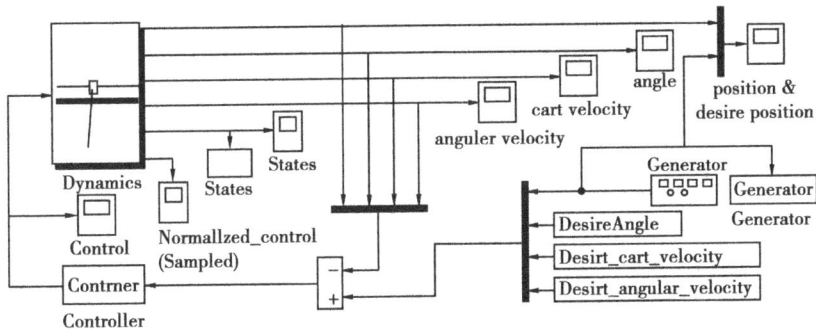

图 4.4　倒立摆控制系统仿真结构图一

块为倒立摆系统模型模块,按照一定建模方法产生,倒立摆系统的参数和不同初始状态都通过 Dynamics 模块设计实现。Controller 模块为控制器模块,不同的控制算法在 Controller 模块中实现,控制算法的实现方法一般可以直接通过 SIMULINK 实现,但是若是控制算法过于复杂,则需要通过 S-FUNCTION 实现。

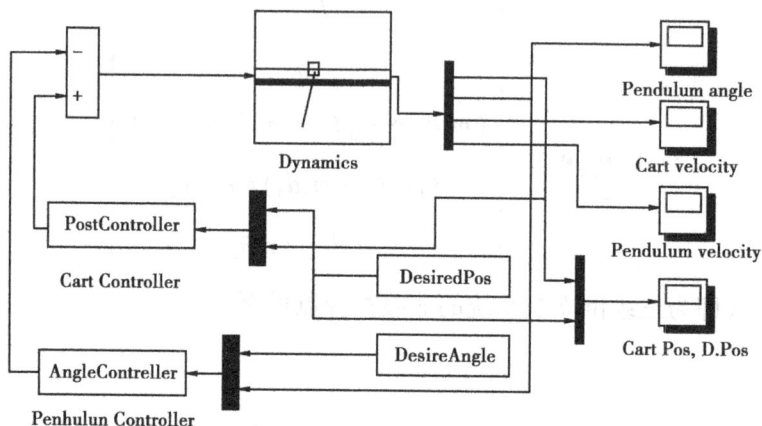

图 4.5　倒立摆控制系统仿真结构图二

4.4.1　一级倒立摆的控制仿真

一级倒立摆的控制方程为:

$$M(\theta) = \begin{bmatrix} \ddot{\lambda} \\ \ddot{\theta} \end{bmatrix} = F(\theta, \dot{\theta}) \begin{bmatrix} \dot{\gamma} \\ \dot{\theta} \end{bmatrix} + N(\theta) + Gu \qquad (4.5)$$

式中:

$$M(\theta) = \begin{bmatrix} M+m & ml\cos\theta \\ ml\cos\theta & J+ml^2 \end{bmatrix}, N(\theta) = \begin{bmatrix} 0 \\ mgl\sin\theta \end{bmatrix},$$

$$F(\theta,\dot{\theta}) = \begin{bmatrix} -f_0 & mgl\,\sin\theta\cdot\dot{\theta} \\ 0 & -f_1 \end{bmatrix}, G = \begin{bmatrix} G_0 \\ 0 \end{bmatrix}$$

在平衡点附近线性化得：

$$M(0)\begin{bmatrix} \ddot{\gamma} \\ \ddot{\theta} \end{bmatrix} = F(0,0)\begin{bmatrix} \dot{\gamma} \\ \dot{\theta} \end{bmatrix} + N(0) + Gu \qquad (4.6)$$

其中：

$$M(0) = \begin{bmatrix} M+m & ml \\ ml & J+ml^2 \end{bmatrix}, N(0) = \begin{bmatrix} 0 \\ mgl \end{bmatrix}$$

经计算 $\det M \neq 0$，$M(0,0)$ 是可逆阵，于是定义状态向量：

$$X = [x1 \quad x2 \quad x3 \quad x4] = \begin{bmatrix} \gamma & \theta & \dot{\gamma} & \dot{\theta} \end{bmatrix}$$

故一级倒立摆的状态方程和输出方程为：

$$\begin{cases} \dot{X} = AX + BU \\ Y = CX \end{cases}$$

将参数代入方程得：

$$A = \begin{bmatrix} 0 & 0 & 1 & 0 \\ 0 & 0 & 0 & 1 \\ 0 & -0.644 & -4.26 & 0 \\ 0 & 17.29 & 7.058 & -0.145 \end{bmatrix},$$

$$B = \begin{bmatrix} 0 \\ 0 \\ 84.27 \\ -139.5 \end{bmatrix}, C = \begin{bmatrix} 1 & 0 \\ 0 & 1 \\ 0 & 0 \\ 0 & 0 \end{bmatrix}$$

对一级倒立摆系统进行二次最优调节器设计,使其闭环系数为渐近稳定,对一级倒立摆实现控制时,经仿真和实验,选取 Q、R 为:

$$Q = \text{diag}\{1, 0.001, 0.1, 0.1\}, R = 50$$

状态反馈矩阵:$F = \begin{bmatrix} 0.13 & 0.844 & 0.202 & 0.208 \end{bmatrix}$

在 MATLAB 环境下进行仿真,得结果如图 4.6 所示。

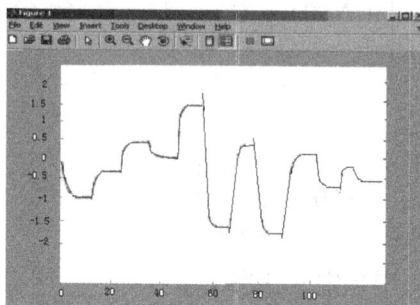

(a)有干扰情况下位移的仿真图

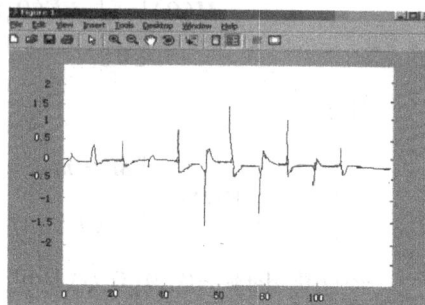

(b)有干扰情况下摆角的仿真图

图 4.6　一级倒立摆的仿真图

4.4.2　二级倒立摆的控制仿真

在平衡点附近对二级倒立摆系统的运动方程线性化后,所得的状态方程和矩阵计算结果如下。

定义状态微量:

$$X = \begin{bmatrix} x_1 & x_2 & x_3 & x_4 & x_5 & x_6 \end{bmatrix}^T$$
$$= \begin{bmatrix} \gamma & \theta_1 & \theta_2 - \theta_1 & \dot{\gamma} & \dot{\theta_1} & \dot{\theta_2} - \dot{\theta_1} \end{bmatrix}^T \quad (4.7)$$

故二级倒立摆的状态方程和输出方程为:

$$\begin{cases} \dot{X} = AX + BU \\ Y = CX \end{cases} \quad (4.8)$$

将参数代入计算得:

$$A = \begin{bmatrix} 0 & 0 & 0 & 1 & 0 & 0 \\ 0 & 0 & 0 & 0 & 1 & 0 \\ 0 & 0 & 0 & 0 & 0 & 1 \\ 0 & -2.57 & 0.16 & -16.67 & 0.012 & -0.005\,7 \\ 0 & 29.95 & -15.59 & 40.32 & -0.205 & 0.173\,8 \\ 0 & -36.69 & 65.45 & -49.39 & 0.463 & -0.592 \end{bmatrix},$$

$$B = \begin{bmatrix} 0 \\ 0 \\ 0 \\ 8.64 \\ -20.92 \\ 25.60 \end{bmatrix}, C = \begin{bmatrix} 1 & 0 & 0 & 0 & 0 & 0 \\ 0 & 1 & 0 & 0 & 0 & 0 \\ 0 & 0 & 1 & 0 & 0 & 0 \end{bmatrix}$$

对二级倒立摆实现控制时,选取的 Q、R 为如下各式:

$$Q = \begin{bmatrix} 1 & 0 & 0 & 0 & 0 & 0 \\ 0 & 64 & 0 & 0 & 0 & 0 \\ 0 & 0 & 256 & 0 & 0 & 0 \\ 0 & 0 & 0 & 0 & 0 & 0 \\ 0 & 0 & 0 & 0 & 0 & 0 \\ 0 & 0 & 0 & 0 & 0 & 0 \end{bmatrix}, R = 0.2$$

状态反馈矩阵为:$F = [\,-2.23 \quad -37.11 \quad -97.68 \quad -2.68 \quad -15.42$ $-13.30\,]$,于是在 MATLAB 环境上实现对二级倒立摆控制仿真,仿真结果如图 4.7 所示。

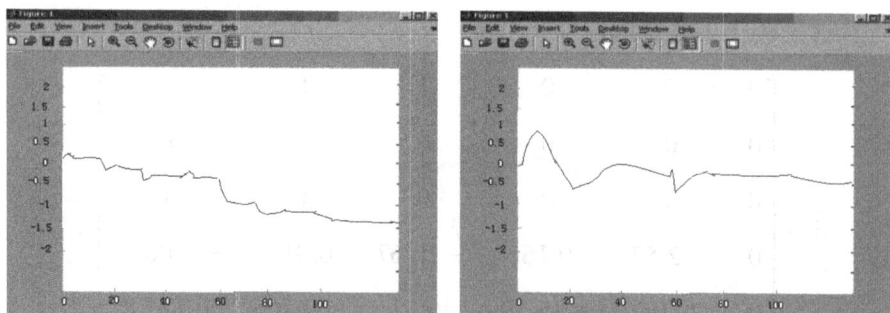

（a）有干扰情况下位移的仿真图　　　　　（b）有干扰情况下下摆摆角的仿真图

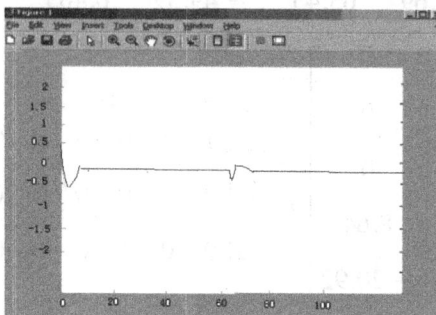

（c）有干扰情况下上摆摆角的仿真图

图 4.7　二级倒立摆的仿真图

4.4.3　三级倒立摆的控制仿真

（1）三级倒立摆的线性化模型

将系统在平衡点 $\theta_1 = \theta_2 = \theta_3 = 0$，$\dot{\theta}_1 = \dot{\theta}_2 = \dot{\theta}_3 = 0$ 处线性化，即得：$\sin\theta \approx \theta$，$\cos\theta \approx 1$，

$$
M(0,0,0)\begin{bmatrix} \ddot{Z} \\ \ddot{\theta}_1 \\ \ddot{\theta}_2 \\ \ddot{\theta}_3 \end{bmatrix} = F(0,0,0,0,0,0)\begin{bmatrix} \dot{Z} \\ \dot{\theta}_1 \\ \dot{\theta}_2 \\ \dot{\theta}_3 \end{bmatrix} +
$$

$$N(0,0,0) + G_0 U \tag{4.9}$$

其中：

$$M(0,0,0) = \begin{bmatrix} 1.955\ 22 & 0.266\ 31 & 0.158\ 51 & 0.042\ 26 \\ 0.266\ 31 & 0.123\ 02 & 0.077\ 67 & 0.020\ 71 \\ 0.158\ 51 & 0.077\ 67 & 0.070\ 19 & 0.020\ 71 \\ 0.042\ 26 & 0.020\ 71 & 0.020\ 71 & 0.014\ 38 \end{bmatrix}$$

$$F(0,0,0,0,0,0) = \begin{bmatrix} -f_0 & 0 & 0 & 0 \\ 0 & -(f_1+f_2) & 0 & 0 \\ 0 & 0 & -(f_2+f_3) & f_3 \\ 0 & 0 & f_3 & -f_3 \end{bmatrix}$$

$$N(0,0,0) = \begin{bmatrix} 0 & 0 & 0 & 0 \\ 0 & 2.609\ 84 & 0 & 0 \\ 0 & 0 & 1.553\ 4 & 0 \\ 0 & 0 & 0 & 0.414\ 17 \end{bmatrix}$$

经计算 $\det M \neq 0$，故 $M(0,0,0)$ 是可逆阵，于是(4.9)式可写为：

$$\begin{bmatrix} \ddot{Z} \\ \ddot{\theta}_1 \\ \ddot{\theta}_2 \\ \ddot{\theta}_3 \end{bmatrix} = M(0,0,0)^{-1} F(0,0,0,0,0,0) \begin{bmatrix} \dot{Z} \\ \dot{\theta}_1 \\ \dot{\theta}_2 \\ \dot{\theta}_3 \end{bmatrix} + $$

$$M(0,0,0)^{-1} N(0,0,0) + M(0,0,0)^{-1} G_0 U \tag{4.10}$$

于是定义状态向量：

$$X = \begin{bmatrix} x_1 & x_2 & x_3 & x_4 & x_5 & x_6 & x_7 & x_8 \end{bmatrix}^T$$

$$= \begin{bmatrix} r & \theta_1 & \theta_2 - \theta_1 & \theta_3 - \theta_2 & \dot{r} & \dot{\theta}_1 & \dot{\theta}_2 - \dot{\theta}_1 & \dot{\theta}_3 - \dot{\theta}_2 \end{bmatrix}$$

令

$$\tilde{X} = \begin{bmatrix} r \\ \theta_1 \\ \theta_2 - \theta_1 \\ \theta_3 - \theta_2 \end{bmatrix} = \begin{bmatrix} 1 & 0 & 0 & 0 \\ 0 & 1 & 0 & 0 \\ 0 & -1 & 1 & 0 \\ 0 & 0 & -1 & 1 \end{bmatrix} \begin{bmatrix} r \\ \theta_1 \\ \theta_2 \\ \theta_3 \end{bmatrix} = T_0 \begin{bmatrix} r \\ \theta_1 \\ \theta_2 \\ \theta_3 \end{bmatrix}$$

由(4.10)式可得：

$$\dot{X} = \begin{bmatrix} 0_{4 \times 4} & I_{4 \times 4} \\ A_{21} & A_{22} \end{bmatrix} X + \begin{bmatrix} 0_{4 \times 1} \\ B_2 \end{bmatrix} u$$

式中：

$$A_{21} = T_0 M(0,0,0)^{-1} N(0,0,0) T_0^{-1}$$

$$A_{22} = T_0 M(0,0,0)^{-1} F(0,0,0) T_0^{-1}$$

$$B_2 = T_0 M(0,0,0)^{-1} \begin{bmatrix} G & 0 & 0 & 0 \end{bmatrix}^T$$

故三级倒立摆的状态方程和输出方程为：

$$\begin{cases} \dot{X} = AX + BU \\ Y = DX \end{cases} \tag{4.11}$$

将以上参数代入方程得：

$$A = \begin{bmatrix} A_1 & B_1 \end{bmatrix}$$

其中，

$$A_1 = \begin{bmatrix} 0 & 0 & 0 & 0 \\ 0 & 0 & 0 & 0 \\ 0 & 0 & 0 & 0 \\ 0 & 0 & 0 & 0 \\ 0 & -4.144\ 9 & 0.533\ 6 & -0.036\ 7 \\ 0 & 34.345\ 1 & -48.855\ 7 & 3.123 \\ 0 & -41.360\ 2 & 129.175\ 9 & -21.458\ 5 \\ 0 & 8.667\ 6 & -98.342\ 3 & 69.075\ 1 \end{bmatrix};$$

$$B_1 = \begin{bmatrix} 1 & 0 & 0 & 0 \\ 0 & 1 & 0 & 0 \\ 0 & 0 & 1 & 0 \\ 0 & 0 & 0 & 1 \\ -16.676\ 7 & 0.012\ 6 & -0.005\ 7 & 0.001\ 2 \\ 41.078\ 3 & -0.224\ 6 & 0.173\ 2 & -0.108\ 5 \\ -49.490\ 8 & 0.460\ 2 & -0.430\ 3 & 0.393\ 7 \\ 10.443\ 4 & -0.288\ 4 & 0.394\ 5 & -0.726\ 4 \end{bmatrix}。$$

$$B = \begin{bmatrix} 0 & 0 & 0 & 0 & 8.646 & -21.296\ 8 & 25.658\ 2 & -5.414\ 3 \end{bmatrix}^T$$

$$D = \begin{bmatrix} 1 & 0 & 0 & 0 & 0 & 0 & 0 & 0 \\ 0 & 1 & 0 & 0 & 0 & 0 & 0 & 0 \\ 0 & 0 & 1 & 0 & 0 & 0 & 0 & 0 \\ 0 & 0 & 0 & 1 & 0 & 0 & 0 & 0 \\ 0 & 0 & 0 & 0 & 1 & 0 & 0 & 0 \\ 0 & 0 & 0 & 0 & 0 & 1 & 0 & 0 \\ 0 & 0 & 0 & 0 & 0 & 0 & 1 & 0 \\ 0 & 0 & 0 & 0 & 0 & 0 & 0 & 1 \end{bmatrix}$$

对三级倒立摆的线性系统求解 Riccati 方程:

$SA+A'S-(SB+N)R^{-1}(B'S+N')+Q=0$,可求得系统状态反馈增益向量 K。加权阵 Q 和 R 的选择根据实际情况进行,并无任何指标。

$$Q = \begin{bmatrix} 400 & 0 & 0 & 0 & 0 & 0 & 0 & 0 \\ 0 & 1\,000 & 0 & 0 & 0 & 0 & 0 & 0 \\ 0 & 0 & 4\,500 & 0 & 0 & 0 & 0 & 0 \\ 0 & 0 & 0 & 0 & 0 & 0 & 0 & 0 \\ 0 & 0 & 0 & 0 & 0 & 0 & 0 & 0 \\ 0 & 0 & 0 & 0 & 0 & 0 & 0 & 0 \\ 0 & 0 & 0 & 0_{45} & 0 & 0 & 0 & 0 \\ 0 & 0 & 0 & 0 & 0 & 0 & 0 & 8 \end{bmatrix}, R = 10$$

在 Riccati 方程中 A 和 B 即为三级倒立摆线性系统的状态方程中的 A、B 系统矩阵。在 MATLAB 中,使用求解该 Riccati 方程的命令函数$[K,S,E]=LQR(A,B,Q,R,N)$,由此得到系统的状态反馈增益 K:

$K=[-6.324\,6 \quad -72.165\,2 \quad -7.896\,6 \quad -272.834\,3 \quad -11.681\,1$ $-34.187\,7 \quad -30.320\,6 \quad -37.868\,9]$

(2)三级倒立摆数学模型的 MATLAB 仿真

采用 MATLAB 中 SIMULINK 提供的 S-function(System-function)来实现, 其 S-function 主要分为 3 个部分, mdlInitializeSizes, mdlDerivatives, mdlO-utputs。

1)mdlInitializeSizes 部分的源代码为:

```
function[sys,x0,str,ts] = mdlInitializeSizes
sizes = simsizes;
sizes.NumContstates = 8;
sizes.NumDiscstates = 0;
```

sizes.NumOutputs = 8;

sizes.NumInputs = 1;

sizes.DirFeedthrough = 0;

sizes.NumSampleTimes = 1;

sys = simsizes(sizes);

$x_0 = [0.05, 0.08, 0.001, 0.008, 0, 0, 0, 0]$;

str = [ ];

ts = [0 0];

2)mdlDerivatives 部分的源代码为:

function sys = mdlDerivatives(t, x, u)

tao = [−11.88 * u; 0; 0];

$D = -M(\theta_1, \theta_2, \theta_3)$;

$H = F(\theta_1, \dot{\theta}_1, \theta_2, \dot{\theta}_2) * [x_5 \quad x_6 \quad x_7 \quad x_8]^T + N(\theta_1, \theta_2, \theta_3)$

Sys = [x(5); x(6); x(7); x(8); −inv(D) * H + inv(D) * tao];

3)mdlOutputs 部分的源代码为:

function sys = mdlOutputs(t, x, u);

$$E = \begin{bmatrix} 1 & 0 & 0 & 0 & 0 & 0 \\ 0 & 1 & 0 & 0 & 0 & 0 \\ 0 & 0 & -1 & 1 & 0 & 0 \\ 0 & 0 & 0 & 1 & 0 & 0 \\ 0 & 0 & 0 & 0 & 1 & 0 \\ 0 & 0 & 0 & 0 & -1 & 1 \end{bmatrix}$$

Sys = E * x

于是在 MATLAB 环境上实现对三级倒立摆控制仿真,仿真结果如图 4.8 所示。

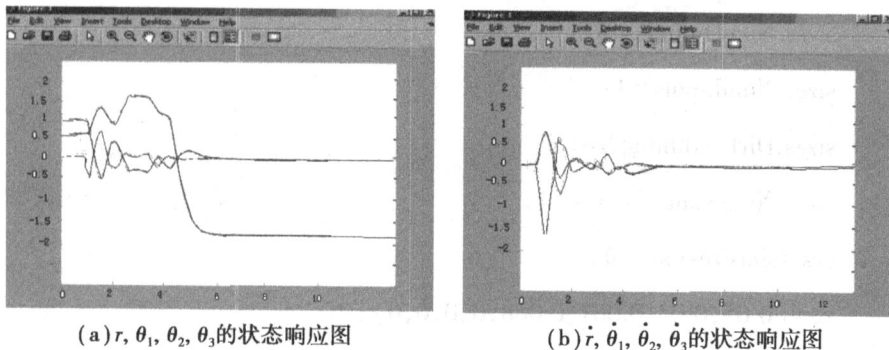

(a) $r, \theta_1, \theta_2, \theta_3$ 的状态响应图　　　　(b) $\dot{r}, \dot{\theta}_1, \dot{\theta}_2, \dot{\theta}_3$ 的状态响应图

图 4.8　三级倒立摆的仿真图

由此可见,对非线性系统进行的线性化工作是合理的,而且设计的线性反馈控制律是有效的。

4.4.4　仿真结果分析

①这种线性控制方法控制范围小,一级倒立摆的偏移量在有干扰的情况下为±15 cm,摆的偏移量在有干扰的情况下为±5°;二级倒立摆的偏移量在有干扰的情况下为±5 cm,下摆的偏移量在有干扰的情况下为±1.5°,上摆的偏移量在有干扰的情况下为±0.9°;从三级倒立摆的 r, θ_1, θ_2, θ_3 的状态响应曲线可以看到,小车处在平衡位置附近,摆杆角度趋于 0°。

②这种线性控制方法控制精度低,一级倒立摆在无干扰的情况下稳定时并没有回到原点,而是有一定的负偏移量;在有干扰的情况下,稳定在原点附近但不确定,摆角也只能在很小范围内回到平衡位置附近。二级倒立摆在无干扰的情况下稳定时也没有回到原点,而是有一定的正偏移量;在有干扰的情况下,稳定在原点附近但不确定,上、下摆角也只能在非常小的范围内回到平衡位置。三级倒立摆经过一段时间的振荡后,回到平衡位置。

③倒立摆是典型的非线性控制对象,而采用线性化方法的控制范围较小,控制精度低,必须寻求真正的非线性控制方法,才能克服线性化方法的缺点。

4.5 小 结

本章给出了一、二级倒立摆的控制模型,推导出了三级倒立摆系统的非线性数字模型,并用了一种线性最优控制方法——二次型最优调节器的设计方法对一、二、三级倒立摆系统进行了控制仿真,对仿真结果进行了分析。

第 **5** 章
用遗传神经网络改进倒立摆的控制

〰〰〰

5.1 引 言

在控制理论的发展过程中,某一理论的正确性和在实际应用中的可行性常常要通过一个按其理论设计的控制器去控制一个典型的对象来验证。本章将以倒立摆系统为被控对象,基于神经网络理论进行仿真控制。

本章利用神经网络的两种控制方法——反向传播算法和遗传算法对倒立摆进行控制,验证前面所探讨的两种算法的有效性,并将前面探讨的神经网络控制器一般设计方法在实际控制对象上进行具体化,设计出一、二、三级倒立摆系统的神经网络控制器,利用 MATLAB 软件编程实现 BP 算法神经网络的权值训练,从而用 C 语言编程实现神经网络控制器对倒立摆的仿真控制;然后用改进遗传算法——面向神经网络的遗传算法来训练神经网络的权值,设计出倒立摆系统的遗传神经网络控制器,实现算法的控制。本章还给出了用 C 语言实现这种算法的数据结构、程序框图和部分重要函数。最后,对上述控制算法进行了对比分析并得出结论。

5.2　神经网络建模与控制

由于神经网络具有可并行计算、分布信息存储、自适应和自学习功能强等一系列优点,它被广泛应用于非线性控制领域。

5.2.1　一级倒立摆的神经网络控制器

(1)一级倒立摆的神经网络控制器的设计

在控制系统中,对一级倒立摆系统的状态变量:$x = (r, \dot{r}, \theta, \dot{\theta})$进行采样,$p$ 为输入向量,向量 p 应该包含所有输入值中的最大值和最小值,在这里取为:$p = [-0.2 \quad 0.3; -2 \quad 3; -0.57 \quad 0.57; -3.14 \quad 3.14]$。$t$ 为目标向量,$t = Kx$,其中 K 为一级倒立摆的系统状态反馈增益。

设计一个三层 BP 网络,并对其进行训练。BP 网络由输入层,隐层和输出层组成。输入层节点个数为 16 个,I/O 函数为 tansig 函数;隐层节点个数 8 个,I/O 函数为 tansig 函数;输出层只有一个节点,它的 I/O 函数为 purelin 函数。以下是 BP 网络训练程序:

```
p = [-0.2  0.3; -2  3; -0.57  0.57; -3.14  3.14];
k = [11.01  19.69  96.49  35.57];
t = k * x;
[w1, bl, w2, b2, w3, b3] = initff(p, 16, 'tansig', 8, 'tansig', 1, 'purelin')
```

disp_fgre = 1;　　　　　　%训练过程显示频率

max_epoch = 1000;　　　　%最大训练步数

err_goal = 0.0001;　　　　 %误差指标

tp = [disp_fgre max_epoch err_goal];

[w1, b1, w2, b2, w3, b3, ep, tr] = trainlm (w1, b1, 'tansig', w2, b2, 'tansig', w3, b3, 'purelin', x, t, tp)

（2）系统神经网络控制的 MATLAB 仿真

使用第 4 章已经建好的数学模型,一级倒立摆神经网络控制系统结构如图 5.1 所示。

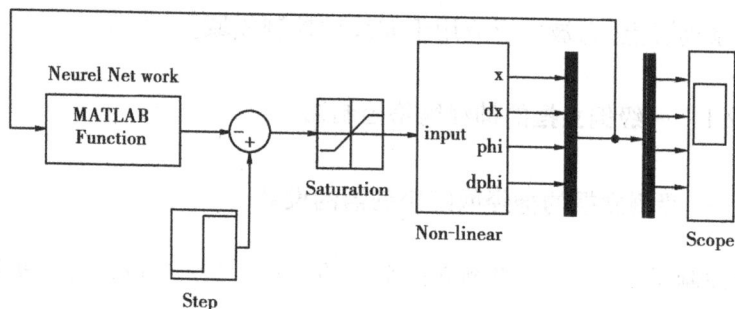

图 5.1　一级倒立摆神经网络控制结构图

对系统进行仿真,得到系统状态变量的响应如图 5.2 所示。

（3）仿真结果分析

采用非线性的控制方法-神经网络 BP 算法对其进行控制,从仿真结果看:

①这种控制方法的范围较宽,摆角可达到 30°,小车位移量可达到 20 cm,系统仍能控制在指定的范围内,控制的效果也比较满意;

②控制的时间比较短,说明神经网络适用于较大范围、快速的非线性系统控制;

③从上述两点可知,BP 算法解决了二次型最调节器设计这种线性

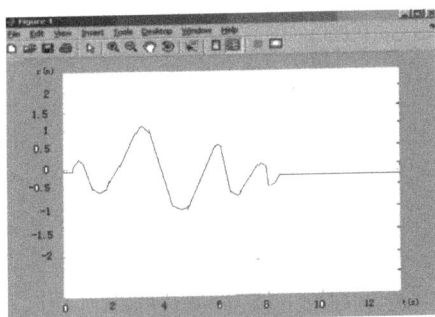

(a)摆角的仿真图

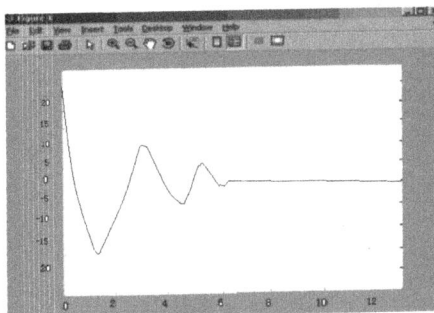

(b)位移的仿真图

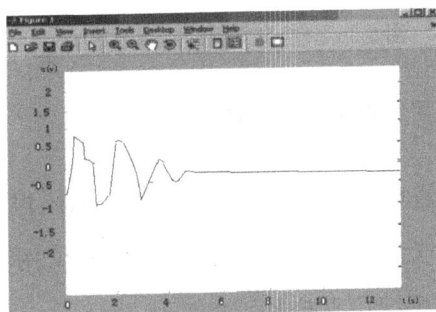

(c)控制U的仿真图

图 5.2　一级倒立摆的控制仿真图

化方法控制范围小、控制精度低的缺陷。由于 BP 算法收敛速度慢,易陷入局部极小且网络性能不太好,故一般网络权值的训练采用离线方法,得到权值后,再由计算机进行控制,说明 BP 算法有一定的局限性,有待改进。

(4)实验及结果分析

采用 BP 算法对一级倒立摆的神经网络控制器的网络权值进行离线训练后,用 C 语言编程实现对倒立摆的控制,再在倒立摆系统上进行实验。所得的实验数据如图 5.3 所示。

从图 5.3 可以看到,开始的一段曲线在倒立摆的平衡位置附近,图中突变的曲线表示实验开始时一级倒立摆的摆杆和位移的偏移情况,两个状态均逐渐回到平衡。

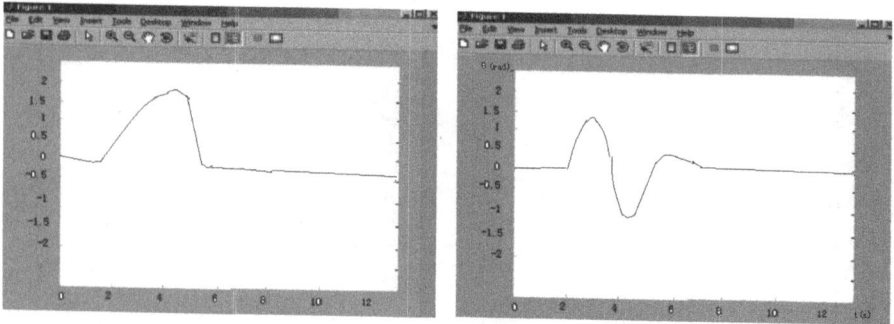

（a）小车位移的实验数据图　　　　　（b）摆杆摆角的实验数据图

图 5.3　一级倒立摆的实验数据图

5.2.2　BP 神经网络控制二级倒立摆

目前,将神经网络理论用于二级倒立摆的文献还很少见,由于倒立摆的模型比较复杂,要求系统控制速度快,为此本书采用离线训练的方法,运用基本的 BP 算法进行仿真控制。

（1）二级倒立摆的神经网络控制器设计

①二级倒立摆神经网络控制器的输入为：$X = (\dot{\theta}_1, \theta_1, \dot{\theta}_2, \theta_2, \dot{\gamma}, \gamma)$，网络的输出为对倒立摆施加的控制为 u；

②非线性模型离散化。根据二级倒立摆的模型方程式（4.3）（θ_1 为下摆角,θ_2 为上摆角,γ 为小车位移,u 为控制）,代入参数移项可得到：

$$\ddot{\theta}_1 = \frac{dh - eg}{gc - df} \tag{5.1}$$

$$\ddot{\theta}_2 = \frac{hc - ef}{df - gc} \tag{5.2}$$

$$\ddot{\gamma} = (-11.887\ 1u + 0.042\ 3 \sin \theta_2 \cdot \dot{\theta}_2^2 + 0.158\ 5 \sin \theta_1 \cdot \dot{\theta}_1^2 -$$

$$22.915\dot{\gamma} - 0.042\ 3 \cos \theta_2 \cdot \dot{\theta}_2^2 - 0.158\ 5 \cos \theta_2 \cdot \dot{\theta}_1^2)/1.735\ 2$$

$$\tag{5.3}$$

其中：

$$c = 0.026\ 2\ \cos^2\theta_1 - 0.123$$

$$d = 0.006\ 6\ \cos\theta_1\cos\theta_2 - 0.036\ \cos(\theta_2 - \theta_1)$$

$$e = 3.632\ 3\ \cos\theta_1 \cdot \gamma - 0.025\ 2\ \cos\theta_1\sin\theta_1 \cdot \dot\theta_1^2 -$$

$$0.006\ 6\ \cos\theta_1\sin\theta_2 \cdot \dot\theta_2^2 - 0.016\ 8\dot\theta_1 + 0.036\ \sin(\theta_2 - \theta_1) \cdot \dot\theta_2^2 +$$

$$0.004\ 5\dot\theta_2^2 + 2.695\ 5\ \sin\theta_1 + 0.116\ 27u\ \cos\theta_1$$

$$f = 0.006\ 6\ \cos\theta_1\cos\theta_2 - 0.036\ \cos(\theta_2 - \theta_1)$$

$$g = 0.001\ 7\ \cos^2\theta_2 - 0.024\ 7$$

$$h = 0.968\ 4\ \cos\theta_2 \cdot \dot\gamma - 0.006\ 6\ \sin\theta_1\cos\theta_2 \cdot \dot\theta_2^2 -$$

$$0.001\ 71\sin\theta_2\cos\theta_2 \cdot \dot\theta_2^2 + 0.036\ \sin(\theta_2 - \theta_1) \cdot \dot\theta_1^2 +$$

$$0.004\ 5\dot\theta_1 - 0.004\ 5\dot\theta_2 + 0.718\ 6\ \sin\theta_2 + 0.031\ 05u\ \cos\theta_2)$$

对高阶微分方程进行离散化处理,倒立摆的两个摆角和车的位移都存在非线性的关系。设 $x_1 = \theta_1$, $x_2 = \dot\theta_1$, $x_3 = \theta_2$, $x_4 = \dot\theta_2$, $x_5 = \gamma$, $x_6 = \dot\gamma$, 则有：

$$x_1(p + 1) = x_1(p) + T \cdot x_2(p)$$

$$x_2(p + 1) = x_2(p) + T \cdot f_1[x_1(p), x_2(p), x_3(p),$$
$$x_4(p), x_5(p), x_6(p), u(p)]$$

$$x_3(p + 1) = x_3(p) + T \cdot x_4(p)$$

$$x_4(p + 1) = x_4(p) + T \cdot f_2[x_1(p), x_2(p), x_3(p),$$
$$x_4(p), x_5(p), x_6(p), u(p)]$$

$$x_5(p + 1) = x_5(p) + T \cdot x_6(p)$$

$$x_6(p + 1) = x_6(p) + T \cdot f_3[x_1(p), x_2(p), x_3(p),$$

$$x_4(p), x_5(p), x_6(p), u(p)]$$

③根据控制系统的要求,二级倒立摆控制器选取三级神经网络,其中输入层神经元个数为6,隐层神经元个数为15,输出层神经元个数为1;

④根据倒立摆的离散化模型,选取目标函数 E_p,其中:

$$E_p = \frac{1}{2}\sum_{i=1}^{n} q_i X_i^2(p+n-i+1)$$

$$\frac{\partial E_p}{\partial u(p)} = \sum_{i=1}^{n} q'_i X_i(p+1)\left[\frac{\partial f_1[X(p), u(p)]}{\partial u(p)} + \right.$$

$$\left. \frac{\partial f_2[X(p), u(p)]}{\partial u(p)} + \frac{\partial f_3[X(p), u(p)]}{\partial u(p)}\right]$$

⑤根据上述目标函数和倒立摆动力学方程式(4.3),可得神经网络输出层误差为:

$$\delta_1^3 = -\{[q'_1 x_1(p+1) + q'_2 x_2(p+1)]\phi_1(p) +$$

$$[q'_3 x_3(p+1) + q'_4 x_4(p+1)]\phi_2(p) + [q'_5 x_5(p+1) +$$

$$q'_6 x_6(p+1)]\phi_3(p)\}f'(I_1^3) \tag{5.4}$$

其中:

$$\phi_1(p) = [d(p+1) \cdot 0.031\cos x_3(p+1) - 0.116\,1\cos x_1(p+1) \cdot$$

$$g(p+1)]/[c(p+1) \cdot g(p+1) - d(p+1) \cdot e(p+1)]$$

$$\phi_2(p) = [0.031\cos x_3(p+1) \cdot c(p+1) - 0.116\,1\cos x_1(p+1) \cdot$$

$$f(p+1)]/[c(p+1) \cdot g(p+1) - d(p+1) \cdot e(p+1)]$$

$$\phi_3(p) = [-11.887\,1 - 0.042\,3\cos x_3(p+1) \cdot \phi_2(p) -$$

$$0.158\,5\cos x_1(p+1) \cdot \phi_1(p)]/1.735\,2$$

$$c(p+1) = 0.025\,1\cos^2 x_1(p+1) - 0.121\,7$$

$$d(p+1) = 0.006\,6\cos x_1(p+1)\cos x_3(p+1) -$$

$$0.031\cos[x_3(p+1) - x_1(p+1)]$$

$$e(p + 1) = 0.006\,6\,\cos x_1(p + 1)\,\cos x_3(p + 1)\,-$$

$$0.031\,\cos\left[\,x_3(p + 1) - x_1(p + 1)\,\right]$$

$$g(p + 1) = 0.001\,7\,\cos^2 x_3(p + 1) - 0.024\,9$$

（2）**网络权值训练程序设计**

步长 T（采样周期）取为 0.02 s，学习因子 η 取为 0.5，根据输出层误差公式可求得隐层误差和输入层误差，从而可以求出网络的修正权值，并可求出最终的修正权值。

本书采用 MATLAB 中神经网络工具箱中的函数进行训练，算法程序如图 5.4 所示[45]。

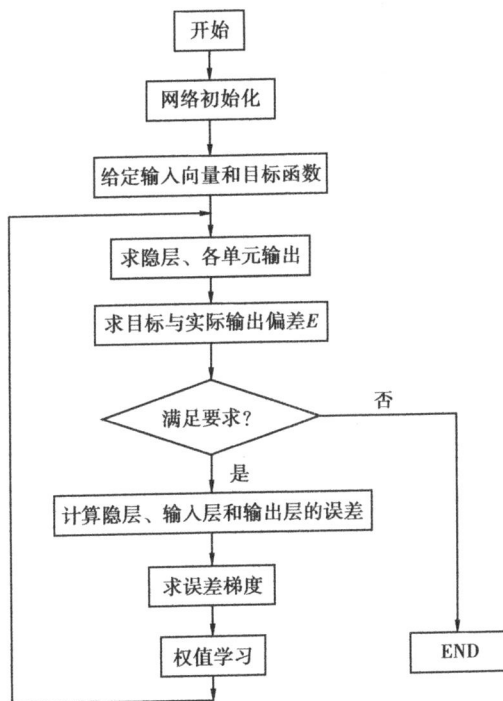

图 5.4　BP 算法框图

程序说明，BP 算法所需数据放在 Twodate.m 文件中，trainbp 是采用 BP 算法训练神经网络函数，initff 是神经网络初始化函数。

其网络权值训练程序如下：

```
& train two pendulum using BP algorithm
Clf;
Figure(gcf)
Setfsize(500,200);
Echo on
Clc
Twodate;
Title('training vectors');
Xlabel('input vector P');
Ylabel('target vector T');
Pause
Clc
S1=15;
[w1,b1,w2,b2]=initff(p,sl,'tansig',t,'tansig');
Echo off
Echo on
Clc
df=10;
me=8000;
eg=0.0002;
lr=0.01;
tp=[df me eg lr];
(w1,b1,w2,b2,ep,tr)=trainbp(w1,b1,'tansig',w2,b2,'tansig',p,t,
tp);
```

76

Clc

Ploterr(tr,eg) ;

Pause

Clc

Echo off

该程序在 MATLAB 环境下运行,训练后得到二级倒立摆神经网络控制器的权值为:

$$
W_{12} = \begin{bmatrix}
-0.12 & 0.35 & 0.28 & -0.13 & 0.03 & 0.31 & 0.09 \\
-0.31 & -0.01 & -0.45 & -0.43 & 0.16 & 0.4 & -0.29 \\
-0.14 & 0.16 & -0.14 & 0.11 & -0.01 & 0.23 & 0.5 \\
-0.39 & -0.33 & -0.16 & 0.09 & -0.4 & -0.28 & -0.15 \\
0.13 & 0.14 & -0.18 & -0.1 & -0.08 & 0.14 & -0.1 \\
0.42 & -0.09 & -0.11 & -0.47 & -0.05 & -0.31 & -0.25
\end{bmatrix}
$$

$$
\begin{bmatrix}
-0.4 & -0.36 & 0.36 & 0.41 & -0.02 & -0.21 & -0.29 & 0.34 \\
-0.45 & -0.11 & -0.42 & -0.39 & -0.38 & -0.16 & -0.14 & -0.42 \\
-0.45 & 0.38 & 0.42 & -0.16 & 0.03 & 0.08 & -0.24 & -0.19 \\
-0.29 & -0.42 & 0.17 & -0.03 & 0.21 & -0.35 & 0.28 & 0.17 \\
0.08 & 0.08 & -0.17 & 0.35 & 0.34 & 0.32 & -0.06 & -0.29 \\
0.1 & -0.4 & 0.49 & 0.13 & 0.15 & 0.07 & -0.17 & 0.38
\end{bmatrix}
$$

$$
W_{23} = \begin{bmatrix} 0.03 & 0.21 & -0.33 & -0.41 & -0.06 & 0.35 & -0.45 & 0.36 \\ 0.02 & 0.25 & 0.45 & -0.08 & -0.23 & -0.32 & -0.32 \end{bmatrix}
$$

(3)二级倒立摆的仿真程序

用上面的程序所得的神经网络权值运行神经网络,可对二级倒立摆进行仿真控制。仿真程序的框图如图 5.5 所示[40]。

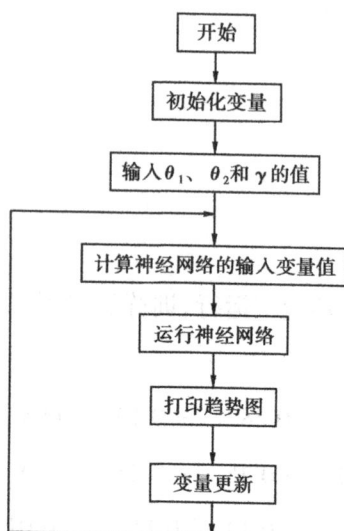

图 5.5　二级倒立摆的仿真程序框图

仿真程序如下：

```
run_NN(double state)            /*神经网络运行程序*/
{
double state[6];
int i,j k;
double value[SECOND+1],f[SECOND+1],virture;
for(i=0;i<SECOND+1;i=++)
value[i]=0;
for(j=0;j<SECOND;j=j+1)
{
  for(k=0;k<FIRST+1;k=k+1
  value[j]+=state[k]*X[i][k];
  if(fabs(value[j])<1.0E-10)
```

```
value[j] = 0;
f[j] = (1-exp(-value[j]))/(1+exp(-value[j]));
}

for(j=0;j<second+1;j=j+1)
value[second] += state[j] * f[j];
value[second] += pool[index] * value[t];
if(fabs(value[SECOND]) < 1.0E-10)
value[SECOND] = 0
f[SECOND] = (1-exp(-value[SECOND]))/(1+exp(--value
[SECOND]));
virtue = f[SECOND];
return(virtue);
}

main()
{
double state[6],u=0,T=0.02,theta1=5,thetad1=0;
double theta2=2, thetad2=0,rd=0;
double theta1,thetad1,theta2,thetad2,rr,rrd;
double a,b,c1,c2,c,d,e,f1,f2,f,g1,g2,g;
Int i;
if((fp=fopen("twopendulum.txt", "w"))= NULL)
{
printf("cannot open this file\n");
exit(1);
```

```
        }
    theta1 = theta1 * PI/180;
    theta2 = theta2 * PI/180;
    for( i = 1 ;i<500;i++)
    {
state[ 6 ] = ( r,rd,theta1 ,theta2 ,thetad2) ;
run_NN( state) ;
a = 0.00103 * sin ( theta2 ) * cos ( theta2 ) − 0.00103 * cos² ( theta2 ) +
0.0144;
    b = 0.00386 * cos( theta1 ) * sin( theta2 ) +0.0207 * cos( theta2−theta1 )
−0.00386 * cos( theta1 ) * cos( theta2) ;
    c = 0.00386 * cos( theta1 ) * cos( theta2 ) −0.0207;
    c1 = −0.2898 * ( theta2) * u+0.0207 * ( thetad1 ) +0.00264 * ( thetad1 )
−0.00264 * ( thetad2) +0.4145sin( theta2)
    c2 = −0.00386 * sin( theta1 ) * cos( theta2 ) * ( thetad1 ) * ( thetad1 ) +
0.5586cos( theta2) * rd;
    d = c1+c2;
    e = 0.0702−0.01447 * cos( theta1 ) * cos( theta1) ;
    f1 = 0.0097 * ( theta1 ) − 0.0207 * sin ( theta2 − theta1 ) * ( thetad2) −
0.00264 * ( thetad2) −1.553 * sin( theta1) ;
    f2 = 0.01447 * sin( theta1 ) * cos( theta1 ) * ( thetad1 ) * ( thetad1 ) −
2.0971 * cos( theta1 ) * rd+1.0858 * cos( theta1) * u;
    f = f1+f2;
    g1 = 11.8871 * u + 0.0423 * sin ( theta2 ) * ( thetad2 ) * ( thetad2 ) +
```

80

$0.15851 * \sin(\text{theta1}) * \text{thetad1} * \text{thetad1}$;

　　$\text{theta1} = \text{theta1} + T * \text{thetad1}$;

　　$\text{thetad1} = \text{thetad1} + T * [(b * d + a * f)/(b * c + a * c)]$;

　　$\text{theta2} = \text{theta2} + T * \text{thetad2}$;

　　$\text{thetad2} = \text{thetad2} + T * (2 * b * c * d + a * d * e + a * c * f)/(a * b * c +$

$a * * a * e)$;

　　$\text{rr} = r + T * \text{rd}$;

　　$g2 = -22.915 * \text{rd} - 0.0423 * \cos(\text{theta2}) * (2 * b * c * d + a * d * e + a *$

$c * f)/(a * b * c + a * * a * e) - 0.1585 * \cos(\text{theta1}) * (b * d + a * f)/(e *$

$a + b * c)$;

　　$\text{rrd} = \text{rd} + T * (g1 + g2)/1.7352)$;

　　$\text{theta1} = \text{theta1}; \text{heta2} = \text{theta2}; \text{hetad1} = \text{thetad1}$;

　　$\text{thetad2} = \text{thetad2}; r = \text{rr}; \text{rd} = \text{rrd}$;

　　　$\}$

　　$\text{fclose}(\text{fp})$;

　$\}$

程序变量说明：

　　i, j—循环变量　　　　　　　state[6]—$\dot{\theta}_1, \theta_1, \dot{\theta}_2, \theta_2, \dot{\gamma}, \gamma$

　　theta1—θ_1　　　　　　　　thetd1—$\dot{\theta}_1$

　　thetdd1—$\ddot{\theta}_1$　　　　　　theta2—θ_2

　　thetd2—$\dot{\theta}_2$　　　　　　　thetdd2—$\ddot{\theta}_2$

　　r—γ　　　　　　　　　　rd—$\dot{\gamma}$

　　rdd—$\ddot{\gamma}$　　　　　　　　u—控制量

T—采样周期

（4）仿真结果

由上面的仿真程序得到下面的仿真图形,如图 5.6 所示。

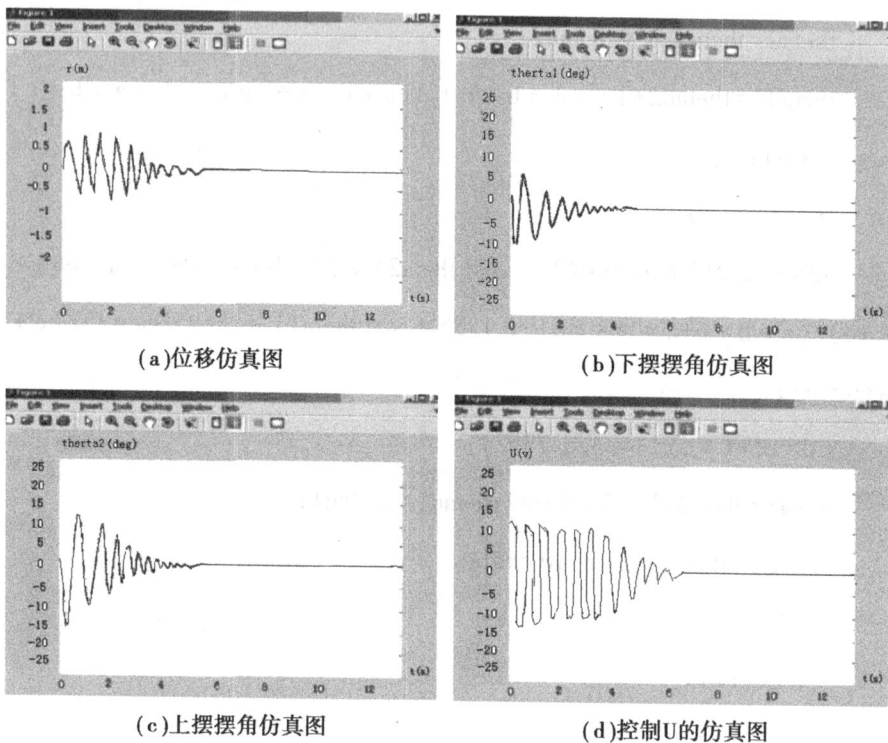

（a）位移仿真图

（b）下摆摆角仿真图

（c）上摆摆角仿真图

（d）控制U的仿真图

图 5.6　二级倒立摆的控制仿真图

（5）仿真结果分析

对于倒立摆这种典范的非线性对象,采用非线性控制方法——神经网络 BP 算法对其实行控制,从仿真结果可以看出:

①这种控制方法的范围较宽,上摆摆角可达到 25°,下摆摆角可以达到 15°,小车位移量可达到 20 cm,系统仍能控制在指定的范围内,控制的效果也比较满意;

②这种方法控制的时间也比较短,这说明神经网络方法适用于较大

范围、快速的非线性系统控制；

③从上述两点可知，BP 算法解决了二次型最调节器设计这种线性化方法控制范围小、控制精度低的缺陷，但同时引入新的问题，BP 算法收敛速度慢，易陷入局部极小且网络性能不太好，故一般网络权值的训练采用离线方法，得到权值后，再由计算机进行控制，说明 BP 算法有一定的局限性，有待改进。

（6）**实验及结果分析**

采用 BP 算法对倒立摆的神经网络控制器的网络权值进行离线训练后，用 C 语言编程实现其对倒立摆的控制，然后在倒立摆系统上进行实验。

以下是一些重要函数的原代码：

```
sample( )           /*采样3个通道*/
{
    int ch;
    float value[3];
    int dl,dh,i,base;
    clrscr( );
    for( ch=0;ch<=3;ch++)
    {
        base=0x300;
        outportb( base,ch);
        for( i=0;i<10000;i++)
        outportb( base+1,0);
        do {
```

$$\} \text{while}(\text{inportb}(\text{case}+2)>=128);$$

$$dh = \text{inportb}(\text{base}+2);$$

$$dl = \text{inportb}(\text{base}+3);$$

$$\text{value}[\text{ch}] = dh*256+dl*10/4096-5;$$

$$\}$$

$$\}$$

所得的实验数据绘成如图 5.7 所示。

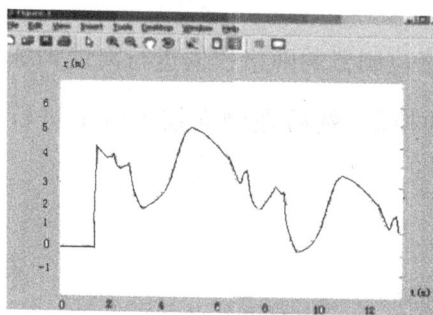

（a）小车位移的实验数据图

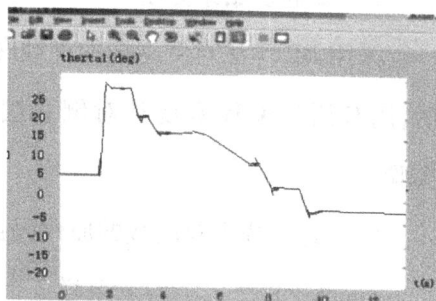

（b）下摆摆角的实验数据图

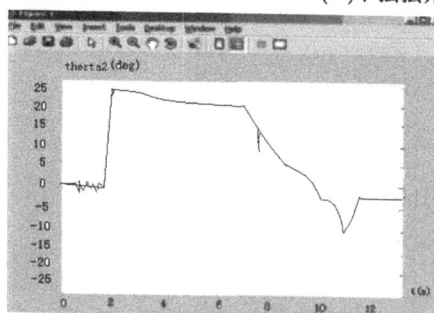

（c）上摆摆角的实验数据图

图 5.7　二级倒立摆的实验数据图

实验结果分析：从图中可看出，开始的一段曲线为倒立摆的平衡位置，而后的突变表示实验开始开始时倒立摆的初始位置，倒立摆的上摆、下摆和位移 3 个状态均在逐渐回到平衡位置，其控制效果不如仿真控制那样好，有待于进一步改进。

5.3　基于改进遗传算法的神经网络对倒立摆的控制

5.3.1　一级倒立摆的神经网络控制器

对于一级倒立摆系统,神经网络控制器的输入为:$X = (\dot{\theta}_1, \theta_1, \dot{\gamma}, \gamma)$,网络的输出为对倒立摆施加的控制 u,神经网络结构如图 5.8 所示[1][8]。

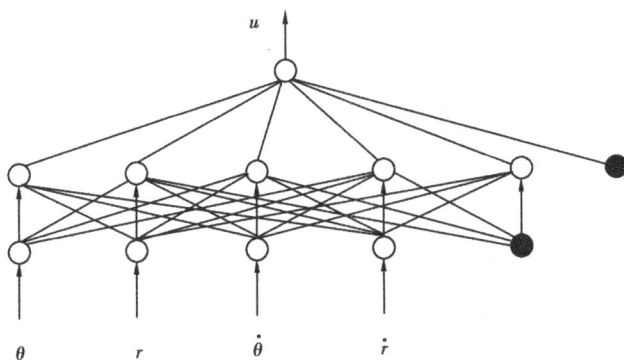

图5.8　神经网络的结构

网络有 3 层:4 个输入节点分别接收倒立摆系统的四个状态值 $\dot{\theta}, \theta$, $\dot{\gamma}, \gamma$,中间隐层有 5 个节点,其作用函数为:$f(x) = 1/(1+e^{-x})$,另外在输入层和中间层均有一个偏置节点,其输出恒为 1,于是网络的连接权个数为 31,这里 N 取胜 30,权值变化范围为 $[-511.5, 511.5]$ 之间,用面向神经网络的遗传算法来训练网络的权值。

（1）改进遗传算法训练神经网络的程序框图

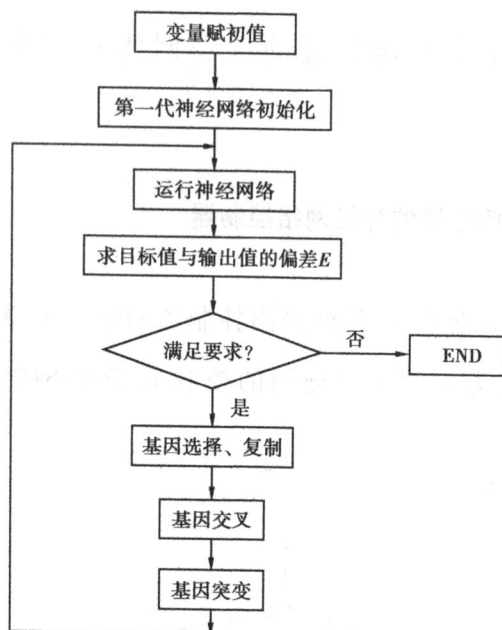

图5.9　遗传神经网络算法框图

（2）改进遗传算法训练神经网络的程序

程序的头文件（nnoga.h）：

```
#include "stdlib.h"

#include "stdio.h"

#include "time.h"

#include "math. h"

#define POPULATION_SIZE 30          /* 解群数目 */

#define WEIGHT_NUM 31               /* 连接权数目 */

#define SAMPLE_NUM 381              /* 样本数目 */

#define CHROM_LENGTH 31             /* 染色体长度 */
```

```
#define FIRST 4                    /* NN 输入层结点数 */
#define SECOND 5                   /* NN 隐含层结点数 */
#define K 1.5                      /* 适应值调整参数 */
#define P 0.8                      /* 选择用参数 */
FILE  *fp;
int generation;                    /* 产生后代数 */
int selected[POPULATION_SIZE],optimal,flag;
doublessum_fitness,avg_fitness,fact[SAMPLE_NUM];
double pcross,pmut;
struct population
{
double value [WEIGHT_NUM];         /* 网络权值 */
double string[CHROML_LENGTH];      /* 染色体位串 */
double fitness;                    /* 适应值 */
};
```

程序中的部分函数如下：

```
void initialize_population()       /* 初始化函数 */
{int i,j ,r ;
  randomize();
  for(i=0;i<POPULATION_SIZE;i++)
  for(j=0;j<POPULATION_SIZE;j++)
  { r=random((int)pow(2,16));
    pool[i].string[j]=exp(-fabs(r));
```

```
            }
       }

   run_nn(int index)                         / * 运行神经网络 * /
   {
     int i,j,k,t,ii,mark=0,jj;
     double sum=0,mse,substruct[SAMPLE_NUM];
     double value[SECOND+1],f[SECOND+1],virtue[SAMPLE_
     NUM];
     for(i=0;i<SAMPLE_NUM;i=i+1)
     {
     t=0;
     for(ii=0;ii<SECOND+1;ii=ii+1)
     value[ii]=0;
     for(j=0;j<SECOND;j=j+1)
     { for(k=0;k<FIRST+1;k=k+1)
       {value[j]+=pool[index].value[t]*X[i][k];
     t=t+1;
     }
     if (fabs(value[j])<1.0E-10)
       value[j]=0;
       f[j]=(1-exp(-value[j]))/(1+exp(-value[j]))
     }
     for(j=0;j<SECOND;j=j+1)
     {
```

```
value[SECOND]+=pool[index].value[t] * f[j];

t=t+1;

}

value[SECOND]+=pool[index].value[t];

if(fabs(value[SECOND])<1.0E-10)

value[SECOND]=0;

f[SECOND]=(1-exp(-value[SECOND]))/(1+exp(-value[SEC-

OND]));

virtue[i]=f[SECOND];

substruct[i]=ideal[i]-virtue[i];

}

for (i=0;i<SAMPLE_NUM;i=i+1)

    if(fabs(ideal[i]-virtue[i])<=0.1)

    mark+=1;

if(mark>=381)

{

mse=-1;

for(i=0;i<SAMPLE_NUM;i=i+1)

fact[i]=virtue[i];

for(jj=0;jj<WEIGHT_LENGTH;jj=jj+1)

fprintf(fp,"%f",pool[index].value[jj]);

}

    else

{
```

```
for(i=0;i<SAMPLE_NUM;i=i+1)

sum+=substruct[i] * substruct[i];

mse=(double)SAMPLE_NUM/sum;

}

pool[index].fitness=mse;

}

adjust_pcross(int first,int second)/* 自适应交叉率调整时/

{

double bigger;

if(pool[first].fitness>pool[second].fitness)

bigger=pool[first].fitness;

else

bigger=pool[second].fitness;

if(pool[optimal].fitness==avg_fitness)

pcross=K2;

else if(bigger>=avg_fitness)

pcross=0.1+K1 * (pool[optimal].fitness-bigger)/(pool[optimal].

    fitness-avg_fitness);

else

pcross=K2;

}

adjust_pmut(int index)                    /* 自适应变异率调整 */

{

double value;
```

```
value = pool[index].fitness;

if( pool[optimal].fitness = avg_fitness )

pmut = K4;

else if( value >= avg_fitness )

pmut = K3 * ( pool[optimal].fitness−value )/( pool[optimal].fitness−

    avg_fitness );

else

pmut = K4;

}
```

训练后得到的权值为：

$$W_{12} = \begin{bmatrix} -445.5 & 70.5 & -516.5 & 222.5 & 217.5 \\ -181.5 & -259.5 & -119.5 & -480.4 & 428.5 \\ -457.5 & -335.5 & -232.5 & 421.6 & -364.8 \\ 319.5 & 113.5 & -357.5 & -191.5 & 422.5 \\ 192.5 & 346.5 & 11.5 & 506.5 & -212.5 \end{bmatrix}$$

$$W_{23} = [-177.6 \quad -159.5 \quad 285 \quad -141.5 \quad -227.5 \quad 461.5]$$

（3）仿真结果

仿真程序参见上节中的一级倒立摆的仿真控制程序。仿真曲线如图5.10所示。

（4）仿真结果分析

采取改进的遗传算法训练神经网络的权值，得到最优的神经网络控制器，从控制器控制一级倒立摆的仿真结果看：

①倒立摆小车的位移偏移量和摆杆的摆角都可在较大范围内回到平衡点；

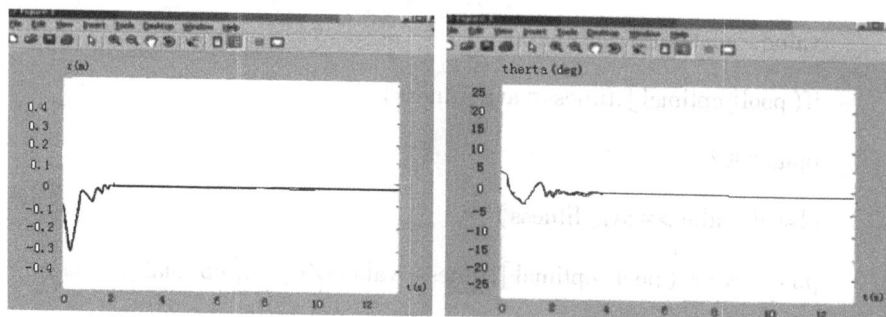

(a)位移的仿真图　　　　　　　(b)摆角的仿真图

图 5.10　一级倒立摆的仿真图

②该算法的控制速度较快,能使倒立摆在较短的时间内回到平衡点,以达到稳定;

③使用本文提出的面向神经网络的遗传算法,解决了 BP 算法收敛速度慢的问题,同时该算法是基于全局范围内搜索,可以避免局部极小的问题;

④本算法对目标函数及约束要求小,能完成 BP 算法失效的神经元激发函数不可微的多层神经网络的训练。

由于二级倒立摆的动力学模型复杂,而且适应度函数和遗传算法的控制参数的选择比较困难,如果按一般的原则选取,控制的效果不怎么好,经过一段时间的训练,也没有达到使系统稳定控制的目的。故遗传算法虽然具有很多优点,但是它的一些参数的选择需要通过经验和实验确定,没有统一的选取原则,这些都有待于今后进行进一步的总结和归纳,得到确定的选择方法。

（5）实验及结果分析

采用面向神经网络的遗传算法离线训练一级倒立摆的神经网络控制器的网络权值,从而得到最优的一组网络权值,得到最佳的遗传神经网络控制器,再用 C 语言编程实现对它的控制,并在倒立摆系统上进行实验。

程序中的部分函数参见 BP 算法神经网络控制倒立摆的实验。所得的实验数据如图 5.11 所示。

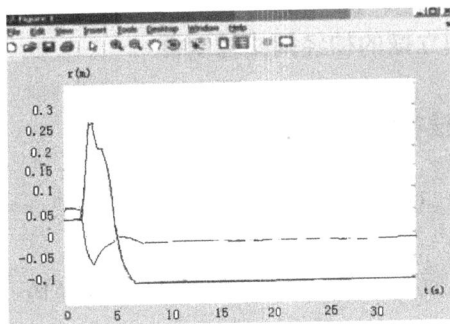

图 5.11　r,θ 的状态响应图

图 5.11 中"—"、"——"的曲线分别为 r,θ 的状态响应曲线,小车处于平衡位置附近,摆杆角度趋于 0°。

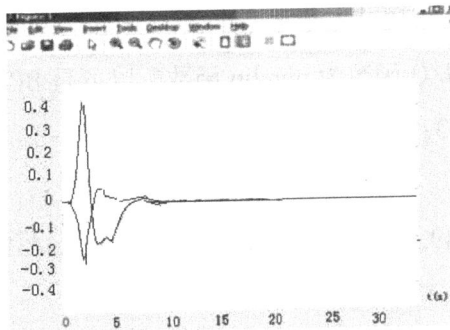

图 5.12　$\dot{r},\dot{\theta}$ 的状态响应图

图 5.12 中"—"、"——"的曲线分别为 $\dot{r},\dot{\theta}$ 的状态响应曲线,图 5.12 中"—"、"——"、"—·"的曲线分别为 r,θ_1,θ_2 的状态响应曲线。

实验结果分析:从所得实验数据绘成的图可以看出,开始的一段曲线在倒立摆的平衡位置附近振动比较剧烈,这说明倒立摆的小车在来回晃动,摆杆在左右摇摆,然后曲线逐渐变得较平稳,倒立摆基本上达到了平衡,说明控制效果比单纯用 BP 算法好,但实验结果不如仿真控制的效果好,这与算法的程序运行、实验设备、人员等诸多因素有关。有待于进一步改进。

5.3.2 二级倒立摆的神经网络控制器

(1) 二级倒立摆神经网络控制器

在控制系统中,对二级倒立摆系统的状态变量:$x = (r, \theta_1, \theta_2, \dot{\gamma}, \dot{\theta}_1, \dot{\theta}_2)$ 进行采样,p 为输入向量,向量 p 应该包含所有输入值中的最大值和最小值,在这里取为:$p = [-0.2 \quad 0.3; -0.57 \quad 0.57; -0.57 \quad 0.57; -2 \quad 3; -3.14 \quad 3.14; -3.14 \quad 3.14]$,$t$ 为目标向量,这里 $t = Kx$,其中 K 为二级倒立摆的系统状态反馈增益 K。设计一个三层 BP 网络,并对其进行训练。

BP 网络由输入层,隐层和输出层组成。输入层节点个数为 8 个,I/O 函数为 tansig 函数;隐层节点个数 4 个,I/O 函数为 tansig 函数;输出层只有一个节点,它的 I/O 函数为 purelin 函数。以下是 BP 网络训练程序:

$p = [-0.2 \quad 0.3; -0.57 \quad 0.57; -0.57 \quad 0.57; -2 \quad 3; -3.14 \quad 3.14; -3.14 \quad 3.14];$

$k = [3.1623 \quad 49.5962 \quad 137.4892 \quad 4.6854 \quad 21.5431 \quad 19.5227];$

$t = k * x;$

$[w_1, b_1, w_2, b_2, w_3, b_3] = \text{initff}(p, 16, '\text{tansig}', w_2, b_2, '\text{tansing}', w_3, b_3, '\text{purelin}', x, t, tp)$

disp_fgre = 1;　　　　%训练过程显示频率

max_epoch = 1000;　　　%最大训练步数

err_goal = 0.0001;　　　%误差指标

$tp = [\text{disp\_fgre max\_epoch err\_goal}];$

$[w_1, b_1, w_2, b_2, w_3, b_3, ep, tr] = \text{trainlm}(w_1, b_1, '\text{tansig}', w_2, b_2, '\text{tansig}', w_3, b_3, '\text{purelin}', x, t, tp)$

（2）**系统神经网络控制的 MATLAB 仿真**

使用第 4 章已经建好的数学模型,二级倒立摆神经网络控制系统结构如图 5.13 所示。

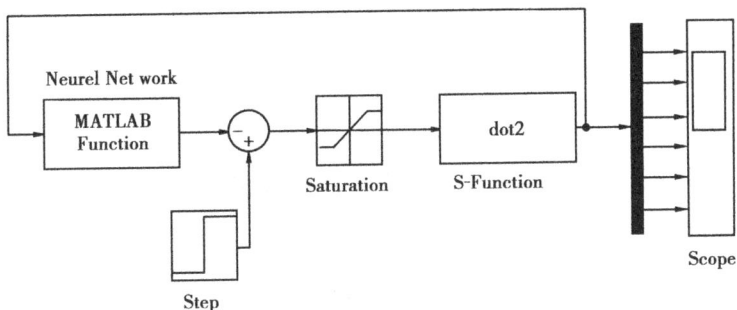

图 5.13　二级倒立摆神经网络控制结构图

对系统进行仿真,得到系统状态变量的响应如图 5.14 所示。

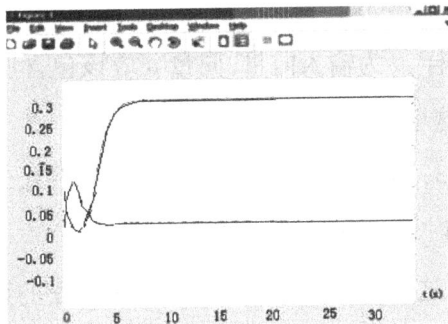

图 5.14　r, θ_1, θ_2 的状态响应图

图 5.14 中"—"、"——"、"—·"的曲线分别为 r, θ_1, θ_2 的状态响应曲线,小车处于平衡位置附近,摆杆角度趋于 $0°$。

图 5.15 中"—"、"——"、"—·"的曲线分别为 $\dot{r}, \dot{\theta}_1, \dot{\theta}_2$ 的状态响应曲线,小车平移速度和摆杆的摆动速度均趋于 $0°$。

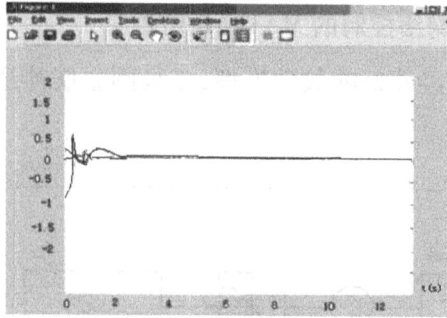

图 5.15 $\dot{r}$, $\dot{\theta}_1$, $\dot{\theta}_2$ 的状态响应图

5.3.3 三级倒立摆的神经网络控制器

(1)三级倒立摆神经网络控制器

在控制系统中,对三级倒立摆系统的状态变量: $x = (r, \theta_1, \theta_2, \theta_3, \dot{r}, \dot{\theta}_1, \dot{\theta}_2, \dot{\theta}_3)$ 进行采样,p 为输入向量,向量 p 应该包含所有输入值中的最大值和最小值,在这里取为:

$p = [-0.2 \quad 0.3; -0.57 \quad 0.57; -0.57 \quad 0.57; -0.57 \quad 0.57; -2 \quad 3;$
$-3.14 \quad 3.14; -3.14 \quad 3.14; -3.14 \quad 3.14]$

t 为目标向量,这里 $t = Kx$,其中 K 为三级倒立摆的系统状态反馈增益 K。设计一个三层 BP 网络,并对其进行训练。

BP 网络由输入层,隐层和输出层组成。输入层节点个数为 8 个,I/O 函数为 tansig 函数;隐层节点个数 4 个,I/O 函数为 tansig 函数;输出层只有一个节点,它的 I/O 函数为 purelin 函数。以下是 BP 网络训练程序:

p=[-0.2 0.3;-0.57 0.57;-0.57 0.57;-0.57 0.57;-2 3;
-3.14 3.14;-3.14 3.14;-3.14 3.14];

k=[-6.3246 -72.1652 -7.8966 -272.8343 -11.6811
-34.1877 -30.3206 -37.8689];

96

$t = k * x;$

$[w_1, b_1, w_2, b_2, w_3, b_3] = initff(p, 16, 'tansig', w_2, b_2, 'tansig', w_3, b_3,$
$'purelin', x, t, tp)$

$disp\_fgre = 1;$　　　　%训练过程显示频率

$max\_epoch = 1000;$　　　%最大训练步数

$err\_goal = 0.0001;$　　　%误差指标

$tp = [disp\_fgre\ max\_epoch\ err\_goal];$

$[w_1, b_1, w_2, b_2, w_3, , b_3, ep, tr] = trainlm(w_1, b_1, 'tansig', w_2, b_2,$
$'tansig', w_3, b_3, 'purelin', x, t, tp)$

（2）系统神经网络控制的 MATLAB 仿真

使用第 4 章已经建好的数学模型,三级倒立摆神经网络控制系统结构图,如图 5.16 所示。

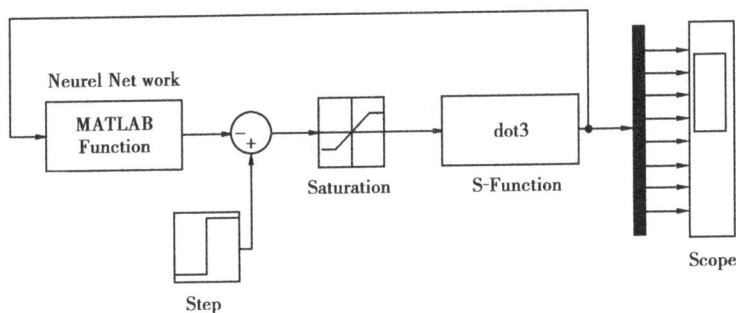

图 5.16　三级倒立摆神经网络控制结构图

对系统进行仿真,得到系统状态变量的响应如图 5.17 所示。

图 5.17 中"—"、"— —"、"— ·"、"——"的曲线分别为 $r, \theta_1, \theta_2, \theta_3$ 的状态响应曲线,小车处于平衡位置附近,摆杆角度趋于 0°。

图 5.18 中"—"、"——"、"— ·"、"——"的曲线分别为 $\dot{r}, \dot{\theta_1}, \dot{\theta_2}, \dot{\theta_3}$ 的状态响应曲线,小车平移速度和摆杆的摆动速度均趋于 0°。

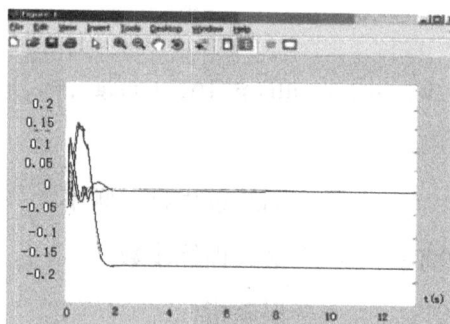

图 5.17　$r,\theta_1,\theta_2,\theta_3$ 的状态响应图

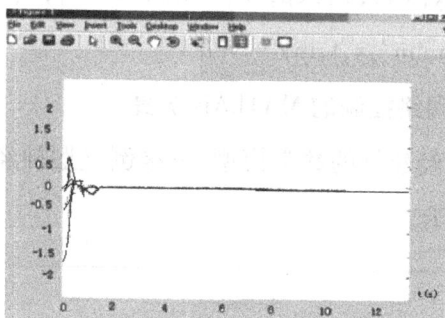

图 5.18　$\dot{r},\dot{\theta}_1,\dot{\theta}_2,\dot{\theta}_3$ 的状态响应图

5.4　小　结

利用建立的倒立摆控制模型,将神经网络的两种控制算法用于实际的非线性控制对象进行控制。

倒立摆装置是典型的非线性对象,对于它的研究,该书先将对象模型线性化,用线性系统理论进行控制。因此,线性化方法的控制范围小,控制精度低,所以必须寻求真正的非线性控制方法,采用神经网络的两种方法(反向传播算法和遗传算法)对倒立摆进行控制。反向传播算法控制的范围较宽,控制的效果也比较满意,控制的时间也比较短,但反向传播算法收敛速度慢,易陷入局部极小且网络性能不太好。因此,采用改进的遗传算法—面向神经网络的遗传算法(NNOGA)来训练网络的权值,实现对倒立摆的控制,解决了BP算法收敛速度慢的问题,同时该算法是基于全局范围内搜索,可以避免BP算法易陷入局部极小的缺点。另外,本算法对目标函数及约束要求小,能完成BP算法失效的神经无激发函数不可微的多层神经网络的训练。因此,本文研究的两种非线性控制方法是有效的,在对倒立摆进行控制仿真和实验中都到了比较满意的效果。

但是,从实验结果看,倒立摆的控制效果没有仿真的效果好,这说明本文所设计的控制用于实际的倒立摆系统还有待于完善。另外,实际的倒立摆系统还有诸多客观因素影响,在今后的改进工作中也应该考虑。

第 **6** 章
总结与展望

当前,非线性系统的控制是控制领域研究中比较热点的问题,有很多人正在为此作努力,同时也提出了很多的控制方法。本研究对其中的几种方法进行了探讨和研究,对倒立摆系统这种典型的非线性对象进行了控制仿真,给出了仿真结果,并将本研究的算法在实际的倒立摆系统上进行了实验,给出了实验结果。

通过上面的分析、仿真和实验,可得出如下结论:

①采用线性化方法将倒立摆系统的非线性模型进行线性化,然后用二次型调节器设计方法设计倒立摆系统的控制器,并对一、二、三级倒立摆系统进行仿真,从仿真结果看,这种控制方法的效果并不是很理想,没有神经网络控制方法和遗传算法与神经网络结合的控制方法的效果好。而且,线性化方法要求的控制范围比较小,控制精度低,这也是其不利的方面。

②采用神经网络中的 BP 算法对倒立摆系统进行控制,从仿真结果

看,控制的范围要比较线性化方法宽,控制的效果也比较可以,对于倒立摆系统这种要求快速控制的对象来说,从仿真结果看,时间可以满足。但是,由于神经网络的学习算法训练权值需要很长的时间,因而不适于在线控制,一般只能采用离线控制,在采用离线训练权值后,再把网络的权值送给计算机,从而实现对倒立摆系统的控制。

③采用本研究提出的面向神经网络的遗传算法与神经网络结合的方法对倒立摆系统进行控制,从仿真结果看,这种方法解决了神经网络方法中的 BP 算法收敛速度慢的问题,同时该算法是基于全局范围内搜索,可以避免局部极小的问题。另外,本算法对目标函数及约束要求小,能完成 BP 算法失效的神经元激发函数不可微的多层神经网络的训练。

总之,对于控制范围比较小的系统,可以采用线性化方法,利用线性系统理论进行控制,因为该方法的理论比较成熟,控制的精度也比较高,可以达到控制效果;另外,人们也比较容易接受这种方法。而对于大范围、快速控制系统来说,采用线性化方法有一定的局限性,于是人们提出了直接控制非线性系统的方法——神经网络的方法和遗传算法与神经网络结合的方法。神经网络方法适用于大范围,快速控制系统,且控制的效果和精度都能满足要求,这是由于神经网络是并行分布处理,同时采用动态的学习方法。但是,这种方法由于训练时间较长,为此只能采用离线的控制方法,现在人们正在探索在线控制方法,使神经网络方法能适用于在线控制的控制系统。

目前,在控制领域研究比较热点的问题就是非线性系统的控制,其中神经网络方法在本文进行了分析和探讨,但是,由于时间紧迫和理论水平不高,还有许多问题需要在今后的工作和学习中进行进一步的研究。对于神经网络方法,目前大多关于神经网络的控制都是基于输入/输出模型,并发展相应算法,相比之下,对状态空间模型及其算法做的工作相对较少,有待于今后进行进一步的研究。同时,遗传算法和神经网络的理论的数学基础都有待于更深入的研究。

神经网络虽然按生物神经网络(Biological neural networks,BNN)巨量并行分布方式构造,但却并没有显示出人们所期望的聪明智慧来。神经网络的主要智能优势是擅长非精确性信息处理,要想发展神经网络应该以此为出发点扬长避短,探索新的方向,下一步的工作展望:

①探索新的神经网络体系结构,建立 BNN 的神经电脉冲系统和化学递质系统合成的耦合系统数学模型,分析其工作机理并提出简便可行的算法,是一条从建模上使神经网络更靠近 BNN 的值得重视的途径。

②寻求新的网络拓扑结构和相应的学习算法。目前,虽然 BP 网络与 BP 学习算法获得了十分广泛地应用,但是,它在性能上仍存在一些待改进的地方。例如,它只能调整权值,不能调整网络拓扑结构,无法实现注意力集中功能;学习新样本时,会打乱原已学好保存下来的旧样本等。

另外,能否在神经网络的权值与遗传算法之间找到一个合理的方式,更好地模拟像生物人工智能那样的高级智能,也是一个值得探索的方向。

参考文献

[1] D. B. Fogel, An introduction to simulated evolutionary optimation[J]. IEEE Trans. Neural Networks, 1994, Vo1.44.

[2] Antsaklis P J, intelligence and learing[J]. IEEE Control System, 1995.

[3] Lin Z, Saberi A, Gutmann M, etal. Linear controller for an inverted pendulum having restricted travel: A high-and-low gain approach[J]. Automation, 1996, 32, 6, 933-937.

[4] Kumpati S. Narenda, Neural Networks for Comtrol: Theory and Practice[J]. Proceedings of the IEEE, 1996, Vol.84, No.40.

[5] Xin Yao, Evolving Artificial Neural Networks[J]. Proceedings of the IEEE, 1999, Vol.87, No.9.

[6] Q. Wu, N. Sepehri, S. He, On control of a base-exited inverted pendulum using neural networks[J]. Journal of the Franklin Institute, 2000, Vo1. 337, No.3, 267-268.

[7] A. WO' Neil, Genetic based training of two-layer, optoelectronic neural

network[J].Electron.Let.,1992,Vol.44.

[8] D.J.Janson and J.F.Frenzel, Application of genetic algorithms to the training of higher order neural networks[J].J.Syst.Eng.,1992,Vol.2.

[9] D.J.Janson and J.F.Frenzel,Training product unit neural networks with genetic algorithms[J].IEEE Expert,1993,Vol.8.

[10] 李友善.自动控制原理[M].北京:国防工业出版社,1989.

[11] 周其节,徐建闽.神经网络控制系统的研究与展望[J].控制理论与应用,1992,Vol.9,No.6.

[12] 倪先锋,陈宗基,周绥平.非线性系统的神经网络学习控制[J].控制与决策,1992,Vol.7,No.5,377-381.

[13] 徐嗣鑫,戴友元.前向神经网络的一种快速学习方法及其应用[J].控制与决策,1993,Vol.8,No.4,284-288.

[14] 史忠植.神经计算[M].北京:电子工业出版社,1993.

[15] 施鸿宝.神经网络及其应用[M].西安:西安交通大学出版社,1993.

[16] 孙常胜.线性系统基础理论[M].北京:北京科学出版社,1994.

[17] 陆金贵,等.多层神经网络BP算法的研究[J].计算机工程,1994,Vol.20,No.1,17-19.

[18] 陈大庆,周凤歧.有限规模多层前向网络的机理分析[J].电子学报,1994,Vol.22,No.8,102-104.

[19] 胡寿松.自动控制原理[M].3版.北京:国防工业出版社,1994.

[20] 张友明.一种前馈神经网络的Kalman滤波学习方法[J].信息与控制,1994.

[21] 张铃,张钹.神经网络中BP算法的分析[J].模式识别与人工智能,1994.

[22] 陈美德,陈铃.多层前馈神经网络的能力和结构设计方法综述[J].沈阳工业大学学报,1994,Vol.16,No.3,46-53.

［23］孙德保,高超.一种实用的克服局部极小的 BP 算法研究［J］.信息与控制,1995,Vol.24,No.5.

［24］鲍立威,何敏,沈平.关于 BP 模型缺陷的讨论［J］.模式识别与人工智能,1995.

［25］程福雁,钟国民,李友善.二级倒立摆的参变量模糊控制［J］.信息与控制,1995.

［26］穆志纯,徐雪艳,闰铁梁.利用双 BP 算法提高 BP 网络的泛化能力［J］.模式识别与人工智能,1995.

［27］高文忠,顾树生.前馈神经网络的新算法及其收敛性［J］.控制与决策,1995,Vol.10,No.3,284-288.

［28］王直杰,方建安,邵世煌.一种增强式学习算法及其在控制中的应用［J］.合肥:中国控制与决策论文集,1996,391-394.

［29］王佳斌.用 MATLAB 训练 BP 网络控制倒立摆［J］.沈阳工业大学学报,20(4),1998 年 8 月.

［30］楼天顺,施阳.基于 MATLAB 的系统分析与设计——神经网络［J］.西安:西安电子科技大学出版社,1998.

［31］陈建安,郭大伟,徐乃平,等.遗传算法理论研究综述［J］.西安电子科技大学学报,1998,Vol.25,No.3.

［32］高文志.人工神经网络的发展、研究内容及应用综述［J］.山东电子,1998,No.4.

［33］李敏强,徐博艺,寇纪松.遗传算法与神经网络的结合［J］.系统工程理论与实践,1999,No.2,65-69.

［34］张飞舟,陈伟基.拟人智能控制三级倒立摆机理的研究［J］.北京航空航天大学学报,25(2),1999.

［35］周宁,陈晖.单电机控制的三级倒立摆多种动平衡姿态演示［J］.自动化博览,1999.

[36] 李岩,姚旭东.二级倒立摆控制系统分析[J].沈阳工业学院学报, 1999,18(2).

[37] 邓永红.神经网络理论的发展与前沿问题[J].信息与控制,1999, Vol.28,No.1,49-56.

[38] 徐昕,李涛,伯晓晨,等.Matlab 工具箱应用指南——控制工程篇[M].北京:电子工业出版社,2000.

[39] 李琳琳,杨国军,赵长安.基于 GA 学习的一类多层 NN[J].哈尔滨理工大学学报,5(1),2000.

[40] 张飞舟,沈程智,范跃祖.拟人智能控制三级倒立摆[J].计算机工程与应用,2000,17-19.

[41] 戴晓辉,李敏强,寇纪松.遗传算法理论研究综述[J].控制与决策, 2000,Vol.15,No.3.

[42] 杨智民,王旭,庄显义.遗传算法在自动控制领域中的应用综述[J].信息与控制,2000,Vol.29,No.4.

[43] 杨亚炜,张明廉.三级倒立摆的数控稳定[J].北京航空航天大学学报,2000,26(3),311-314.

[44] 张葛祥,李众立,毕效辉.倒立摆与自动控制技术研究[J].西南工学院学报,2001,Vol.l6,No.3,12-16.

[45] 闻新,周露,王丹力,等.MATLAB 神经网络应用设计[M].北京:科学出版社,2001.

[46] 李洪兴,苗志宏,王加银. 四级倒立摆系统的变论域自适应模糊控制[J]. 中国科学 E 辑,2002, 32(1):65-75.

[47] 周德俭.智能控制[M].重庆:重庆大学出版社,2005.